ファーブル先生の昆虫教室

本能《ほんのう》のかしこさとおろかさ

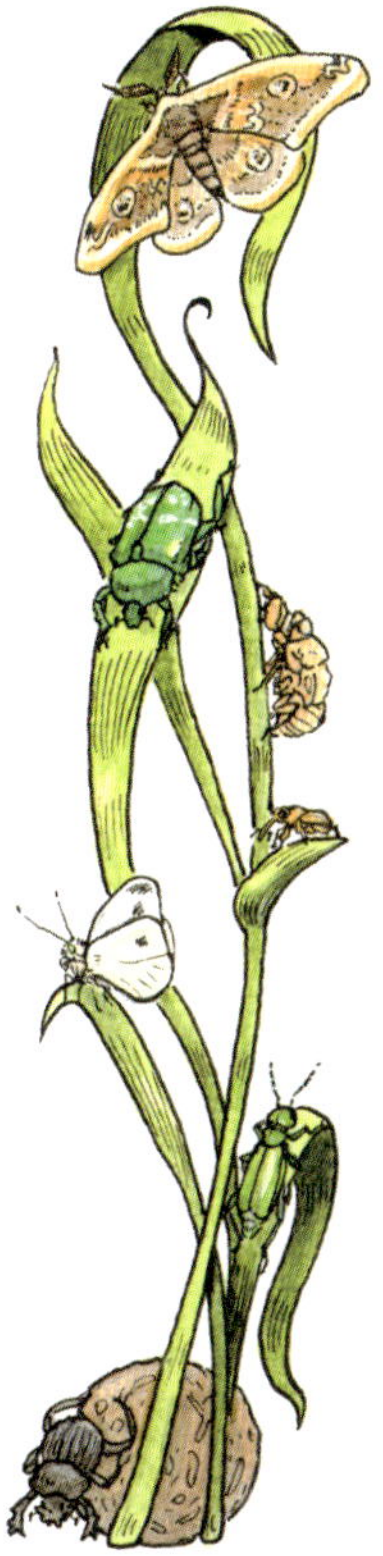

文《ぶん》 奥《おく》本《もと》 大《だい》三《さぶ》郎《ろう》

絵《え》 やました こうへい

写真・標本所蔵　奥本 大三郎
装幀・デザイン・標本写真　山下 浩平（mountain mountain）

南フランス ファーブルゆかりの地

もくじ

スカラベ①　牧場《まきば》のにぎわい

こんにちは。私《わたし》の名は、ジャン＝アンリ・ファーブル。フランスの昆虫学者《こんちゅうがくしゃ》だよ。私《わたし》はきみたちと同じぐらいの、小さい子どものときから自然《しぜん》が大好《だいす》きだった。

草や木、キノコや小鳥、……それからとくに昆虫《こんちゅう》が大好《だいす》き。虫を相手《あいて》に小川や野山で遊《あそ》んでいるうちに、いろいろな虫の生活ぶりが細かく見えてくるようになったんだよ。

やがて、小学校の先生になった。大人になってからもずっと、昆虫《こんちゅう》を採集《さいしゅう》したり、観察《かんさつ》したり、実験《じっけん》したりしてきた。そして昆虫《こんちゅう》やクモの生態《せいたい》、そしてその本能《ほんのう》について、たくさんのおもしろい発見《はっけん》をして『昆虫記《こんちゅうき》』という本を書きあげたんだ。これからそのお話をしよう。

南フランスの、アヴィニョンという町の学校で教えていたときの話だよ。

アヴィニョンは古い、大きな街《まち》で、ローヌ川という大きな川のほとりにあるんだ。街《まち》から外に出ると、川の向《む》こうの丘《おか》には、羊《ひつじ》や牛、馬のいる牧場《まきば》が広がっている。じつは今日、私《わたし》はその牧場《まきば》に来て、家畜《かちく》のふんを食べる甲《こう》虫《ちゅう》たちを観察《かんさつ》するところなんだ。

いた、いた！　大きな牛のふんに、黒い、りっぱな虫がいっぱい来てる。ブーンと飛《と》んできたかと思うと、ふんの山のそばにポトリと落《お》ち、せかせかとふんの山のほうに歩いていく。ふんの山にのぼったり、もぐりこんだり、大さわぎ。虫たちの動《うご》きはとても活発《かっぱつ》だ。

1ぴきの黒い、カブトムシのような甲虫《こうちゅう》が、いきなりふんの玉を転《ころ》がしはじめた。この玉は虫が自分でまるめて作ったんだ。

丸く曲《ま》がった、長い後ろあしで玉をおさえ、虫はさかだちをして、前あしでつっぱるように、「いちに、いちに」と後ろ向《む》きに転《ころ》がしていく。速《はや》い、速《はや》い！　すごいスピードだ。

これが有名《ゆうめい》なスカラベというふん虫だよ。フンコロガシともいうね。この虫はふんの玉をこうやって転《ころ》がしていって、それからどうするときみは思う？

いや、考える前に、とにかくスカラベのあとをつけていってみよう。実際《じっさい》に観察《かんさつ》することが大切なんだ。そのあとでよく考えることにしよう。

スカラベ・サクレ

スカラベの一種《しゅ》。頭のへりはギザギザ、前あしはのこぎりの歯《は》のようになっていて、長い後ろあしをもつ。

ようこそ！すばらしき昆虫《こんちゅう》の世界《せかい》へ

ファーブル先《せん》生《せい》

フランスの昆虫《こんちゅう》学者《がくしゃ》。南フランスで昆虫《こんちゅう》の研究《けんきゅう》や観察《かんさつ》をし、30年かけて『昆虫《こんちゅう》記《き》』全《ぜん》10巻《かん》を書いた。

J.-HENRI FABRE 1823-1915

スカラベ②

ふん玉どろぼう

ふん玉を転《ころ》がすスカラベは、あいかわらず後ろ向《む》きのまま、どんどん進《すす》んでいく。

「それ、がんばれ、いいぞ、いいぞ！」

坂道《さかみち》にさしかかった。人間の場合でいったら、大きながけだ。あっ、足をふみはずした！

スカラベは、玉といっしょにぶっとんで、坂《さか》の下まで転《ころ》がりおちてしまった。おい、だいじょうぶか。

平気《へいき》、平気《へいき》。また何ごともなかったかのように、玉を転《ころ》がしはじめる。でも自分の体より大きくて重《おも》い玉を、また坂《さか》の上まで持《も》ちあげるのは大変《たいへん》なことだよね。

「バカだなあ、もっとなだらかな、転《ころ》がすのに楽な道を行けばいいのに」

スカラベは何回転《ころ》がりおちても、道を変《か》えない。なんてがんこなんだ。するとそこに、もう1ぴき、スカラベがぶーんと飛んできた。あとから来たスカラベは、玉の横《よこ》にぽとりと落《お》ちて着地《ちゃくち》すると、玉にとりついた。

「玉を転《ころ》がすの、手伝《てつだ》ってあげるよ」

というのは、うそなんだけど。

相手《あいて》のスカラベは返事《へんじ》をしないでだまっている。

すると、あとから来たやつは、いきなり、玉の持《も》ち主《ぬし》のスカラベにパンチをくらわせた。

ばちーん！

玉をおしていたスカラベはひっくりかえったが、元気よく起《お》きあがる。

「おまえ、玉どろぼうだったんだな。ゆるさんぞ！」

たちまち、くみうちがはじまった。さあ、カシャカシャ、スカラベのよろいとよろいのぶつかりあい、こすれあう音が聞こえてくる。とうとう勝負《しょうぶ》がついたようだ。どっちが勝《か》ったと思う？

じつは、どろぼうのほうが勝《か》つことが多いんだ。どろぼうはここまでふん玉のにおいを追《お》ってブーンと飛《と》んできたんだよね。だから準備運動《じゅんびうんどう》がじゅうぶんで、体温《たいおん》も高く、活発《かっぱつ》に動《うご》けるんだ。

どろぼうのほうが勝《か》って、まじめに働《はたら》いたほうが作ったものをとられてしまうなんて、まったくひどい話だね。負《ま》けたほうのスカラベは気を取《と》りなおして、またふんの山のほうにもどっていったよ。

どんなに険《けわ》しい道《みち》だってぼくは行《い》くよ
スタッ
手《て》伝《つだ》ってやるよ！
ありがとう
と、みせかけての・・・・
とりゃ
スカラベパーンチ
だまされたー
どろぼうが勝《か》つなんて…
いや　世《よ》の中《なか》はあまくない
がんばれ！
正直者《しょうじきもの》のスカラベくん
くそー　もう一度《いちど》
わはは　わりーね
いただき

スカラベ③

いっぺんにたくさん運《はこ》ぶ方法《ほうほう》

スカラベは、ふんの玉を転《ころ》がして行ってしまった。

さて、ここで私《わたし》からきみたちに問題《もんだい》。スカラベはなぜ玉を転《ころ》がすのだろうね？　どうせ食べてしまうのに、わざわざこんな玉を作ったりするのはめんどくさいと思わないか。

じゃあね、こう考えてみよう。

ここにとびきり大きな、チョコレートの山があるとする。スカラベにとって牛のふんの山は、人間にあてはめると、家ぐらいの大きさのチョコレートのかたまりみたいなものさ。

でも、ほしがっている仲間《なかま》が大勢《おおぜい》いるから、早く持《も》ってかえらないと、チョコレートはすぐになくなってしまうよ。さあ、きみならどうやって運《はこ》ぶ？　できるだけ速《はや》く、たくさん運《はこ》ばないといけないんだよ。

わかったかな。運《はこ》ぶ方法《ほうほう》は、三つあるよ。

①抱《かか》えて歩いていく。

②抱《かか》えたまま、ブーンと飛《と》ぶ。（スカラベには羽があるからね。人間じゃこんなことできないね）

③転《ころ》がしていく。

②は運《はこ》ぶスピードは速《はや》いけれど、一度《いちど》にたくさんは運《はこ》べない。

「これじゃたりないなあ。もう1回もらってこよう」と思って、チョコレートの山にもどってきたときには、仲間《なかま》がもう全部《ぜんぶ》持《も》っていってしまってる。それに飛《と》ぶとすぐにつかれるよ。

とすると、やっぱりいいのは③の方法《ほうほう》だね。持《も》ちあげたりしないから、少しぐらい重《おも》くても平気《へいき》。

それに、転《ころ》がすためには、丸い玉の形になっているのが一番いい。どの方向《ほうこう》にも転《ころ》がしていけるから。四角かったら転《ころ》がせないだろう。

人間だったら、もちろん立ったまま手で転《ころ》がすけど、スカラベは、前あしより、後ろあしのほうが長いので、こんなふうに、さかだちして転《ころ》がしたほうが楽なんだね。

つまり、スカラベは一番うまい方法《ほうほう》を選《えら》んでいることになるんだ。体もそうできているし。すごいだろう。

速《はや》くたくさん運《はこ》ぶにはどの方法《ほうほう》がいいかな?
②飛《と》んで運《はこ》ぶ
スピードでは まけないぜ
プィー
チョコレートの山《やま》
①抱《かか》えて運《はこ》ぶ
ともかく 持《も》てるだけ
スタコラサッサ
コロコロコロコロ
しまった 出《で》おくれた～
③転《ころ》がす
ゴール
やっぱり玉《たま》にするのが一番《いちばん》なんだよ!
フラフラ
つかれた～～
まって～～

スカラベ④ 体が道具《どうぐ》になる

ここで、きみたちに私《わたし》からまた問題《もんだい》だ。スカラベの玉は運《はこ》びやすいようにまん丸に作られているよね。だけど、どうやってこんな形にしたと、きみたちは思う？

いや、いや、まず私《わたし》からその問題《もんだい》に答えよう。私《わたし》は最初《さいしょ》こう考えたんだ。

スカラベははじめ、ふんのかたまりを適当《てきとう》な形に作っておいて、あとから材料《ざいりょう》をつけ加《くわ》えて少しずつ丸い形にした。それを転《ころ》がしていくうちに、もっと形が整《ととの》って丸くなっていくんだ、と。

ところが、実際《じっさい》にスカラベがどんなふうにやっていくか、牧場《まきば》で観察《かんさつ》してみるとちがっていたね。

スカラベはなんと、はじめから玉の形になるように、ふんの山からまるーく切りだしていったんだ。

思いこみはいけないんだね。自分の目でよく確《たし》かめないと。科学《かがく》の世界《せかい》では正確《せいかく》な観察《かんさつ》が何より大切なんだ。

それにしてもスカラベの体は、ふんの玉を作るためにとてもよくできていることがわかるね。

スカラベの体をもう一度《いちど》よく見てみよう。

頭のへりと前あしにはぎざぎざがついていて、ふんを切るためにのこぎりのような形になっている。そして後ろあしは長く、軽《かる》くカーブしていて、つめの先はとがっているだろう。

スカラベはこの後ろあしで玉を両側《りょうがわ》からおさえながら、前あしを、いちに、いちに、と交《こう》互《ご》にふんで後ろ向《む》きに玉を転《ころ》がしていくんだね。

さて、ふんの山から玉を切りだすと、今度《こんど》は前あしで、玉の表面《ひょうめん》をたたくようにして整《ととの》えていく。それから転《ころ》がしはじめるんだ。

転《ころ》がすと土がつくよね。ふんの玉がよごれると思うだろ。でも本当はこれがいいんだよ。

土はふん玉の表面《ひょうめん》をコーティングして、ハエなんかが卵《たまご》を産《う》みつけるのを防《ふせ》ぐ役目《やくめ》をするんだ。だって、ハエに卵《たまご》を産《う》みつけられて、その幼虫《ようちゅう》にふんの玉を食いあらされたら困《こま》ってしまう。

だからスカラベがこうやって玉を転《ころ》がしていくことは、ふんの玉を守《まも》ることになるのさ。

スカラベは玉をどうやって作ると思う？
バツ
少しずつ玉を作る
こっこっやるよ
えっさほいさ
大切なのは自分の目でよく確《たし》かめることだ！
ふん玉《だま》作《づく》りはまかしとけっ！
よっ!!世界一《せかいいち》！
マル
初《はじ》めから丸く切り出す
スカラベのこぎりりっぱでしょ
パカ

スカラベ⑤

いじわるな実験《じっけん》

ころころ、いっしょうけんめいふんの玉を転《ころ》がしていくスカラベのところにもう一度《いちど》もどってみよう。

下《くだ》り坂《ざか》で玉が勝手《かって》に転《ころ》がっていってしまっても、上《のぼ》り坂《ざか》で玉がなかなか動《うご》かなくなっても、スカラベは平気《へいき》だ。がんばりやなんだね。

いっぽう、どろぼうのスカラベは、ねたふりをして玉にはりついている。あつかましいね。

そこで私《わたし》は一《ひと》つの実験《じっけん》を思いついた。この玉がまったく動《うご》かなくなったらスカラベはどうするか、と考えたんだよ。

調《しら》べるのはかんたん。玉にぐさりと針《はり》をさし、地面《じめん》までつき通した。

さあ、玉はびくともしない。スカラベはどうするか。

「あれ、おかしいな?」

というように、スカラベは、ふんの玉のまわりを調《しら》べている。あとでどろぼうになってやろうと、玉にくっついたまま転《ころ》がされてきたお手伝《てつだ》いのスカラベも、玉が動《うご》かないので下に降《お》りてきた。

「何か事故《じこ》でもあったの?」

そして持《も》ち主《ぬし》といっしょになって、玉の下を調《しら》べているよ。

2ひきとも、玉の下に頭のへりをスコップのようにさしこんで、ぐいぐいほりさげていく。とうとう玉はぐらぐらゆれ、持《も》ちあげられて、ぽろりとはずれた。大成功《だいせいこう》! スカラベは意気揚《いきよう》ようと玉を転《ころ》がしていく。

でも、「ちょっと待《ま》った」と私《わたし》。

「まだ何か?」

人間だったら迷惑《めいわく》そうに言うところだけど、もちろんスカラベはもんくなんか言わない。

今度《こんど》はもっと長い針《はり》をさしてやった。そうかんたんにはぬけないぞ。さあ、どうする。

スカラベたちはさっきと同じように玉の下に、頭のへりをさしこむけど、今度《こんど》は針《はり》が長いので、いくら背《せ》のびをしても玉からぬけないよ。

「では、少しだけサービス」

私はスカラベのあしの下に平《ひら》たい石を置《お》いてやった。

すると、この石をふみ台にしてやっと針《はり》がぬけたんだ。でもこれはスカラベの手がらではないよね。

短《みじか》い針《はり》は２ひきで成功《せいこう》！

長い針《はり》だとなかなかぬけない

スカラベ⑥

スカラベの食べっぷり

今日はスカラベが、自分の巣穴《すあな》に運《はこ》びこんだふんの玉をどうするか見てみよう。

一度《いちど》自分の巣穴《すあな》の中にふんの玉を運《はこ》びこむと、スカラベは食べること食べること。もりもり、もりもり、玉がなくなるまで、休まず食べつづける。私《わたし》が時計片手《かたて》にはかってみると、スカラベの食事《しょくじ》はなんと12時間もつづいた。おどろいたなあ！　ふんの玉がもっと大きかったら、きっと、もっともっと食べつづけたことだろう。

なにしろ、ふん玉の材料《ざいりょう》は、もともと、牛や羊《ひつじ》が草を食べて栄養分《えいようぶん》を吸《す》いとったカスだから、たくさん食べないとスカラベの吸収《きゅうしゅう》する栄養《えいよう》がたりないんだ。

そうやって食べているうちに、スカラベのおしりから黒い針金《はりがね》というか、ひものようなものが出てきたんだよ。

「何だろう、これは？」

みんなは何だと思う？

いやいや、食事《しょくじ》のあと、おしりから出るものといえば、うんちにきまっているよね。これはスカラベのふんなんだ。もとのふんの玉は食べられてどんどん小さくなっていき、その反対《はんたい》に、黒いひものようなスカラベのふんはどんどんのびていく。

スカラベはとうとう玉をすっかり食べつくし、そのひものようなふんは、長さが3メートルにもなった。

「ひとつ、スカラベのふんの分量《ぶんりょう》をはかってみよう」と私《わたし》は考えた。きみたちならどうする？

そう、精密《せいみつ》なはかりがあれば、重《おも》さがはかれるよね。でも、それがないときはどうすればいい？

私《わたし》は、目盛《めも》りのついたビーカーに水を入れ、そこにスカラベのふんのひもを入れてみたんだ。すると、ふんのひもの体積《たいせき》だけ水かさが増《ま》す。その分量《ぶんりょう》はスカラベ自身《じしん》の体積《たいせき》と同じだった。

つまり、この虫は、ひと晩《ばん》かかって、自分の体と同じぐらいの分量《ぶんりょう》のふんの玉を食べ、同時に同じぐらいの分量《ぶんりょう》のふんをしたんだ。

よく食べ、よく出しました。健康健康《けんこうけんこう》。すごい大食《おおぐ》らいだね。おかげで、牧場《まきば》はきれいにそうじされ、清潔《せいけつ》に保《たも》たれているわけだ。

やわらかい土に
巣穴《すあな》をほるんだね
入《い》り口《ぐち》を
しっかり
ふさいで
完了《かんりょう》
さっ
メシだっ
あー幸《しあわ》せ！
このときのために
がんばったんだよ
ムシャ
ムシャ
12時間食べつづけて
出したうんちは
3メートル！
スカラベはどれぐらい
ふんを出したのかな？
自分の体と同じ量《りょう》の
ふんを出したんだね
よくたべるね
はい
スカラベ
ふん
同じ量《りょう》の
水が入った
ビーカー
同じだけ
水面《すいめん》が
上がった！

スカラベ⑦

卵《たまご》はどこにある？

ところで、スカラベの卵《たまご》はどこに産《う》みつけられると思う？　私《わたし》が読んだ古い本には「スカラベが作る玉の中に卵《たまご》は産《う》みつけられる」と書いてあった。

でも、スカラベがあんなに勢《いきお》いよくころころ転《ころ》がしていくと、中の卵《たまご》や幼虫《ようちゅう》は目がまわって死《し》んでしまうんじゃないか、と私《わたし》は考えたんだ。

そこで、私《わたし》はいっしょうけんめいスカラベの玉をいくつもいくつも切ってみたんだよ。だけど、いくら切ってもその中に卵《たまご》らしいものは見つからない。

「ふしぎだなぁ……」

やっぱり牧場《まきば》で、朝から晩《ばん》まで見《み》はっていないと本当のことはわからないのかもしれない。

そこで、牧場《まきば》にいる羊飼《ひつじか》いに、スカラベの卵《たまご》を見つけたら知らせてくれるよう、たのむことにしたんだ。

すると6月の末《すえ》になって羊飼《ひつじか》いが、

「先生、ありましたよ。スカラベの卵《たまご》です。この中に入っています！」

と、ふしぎな形の玉を持《も》ってきてくれたんだよ。

それはセイヨウナシのような形をしたきれいな小さな玉だった。

それまで私《わたし》はそんな玉を見たことがなかったのでびっくりした。

「これがスカラベの卵《たまご》だって？」

「そうです。この先のところに卵《たまご》が産《う》みつけられています」

私《わたし》はそうっとナイフの先で玉をくずしていった。

すると玉の先の小さくとがったところに、白い、きれいな卵《たまご》が入っていたんだよ。

羊飼《ひつじか》いといっしょに牧場《まきば》にかけつけてみると、土がモグラ塚《づか》のように少し盛《も》りあがっているところがあった。そこをスコップでほると、ぽこりと穴《あな》があいていて、中にセイヨウナシ形の玉が横向《よこむ》きにねているじゃないか！　しかもその横《よこ》でお母さんスカラベが、玉の世《せ》話《わ》をしていたんだ。

長い間の疑問《ぎもん》がとけて、私《わたし》は大喜《おおよろこ》びしたよ。

これでまず、スカラベの卵《たまご》のことがわかった。

次《つぎ》は幼虫《ようちゅう》とさなぎだ！

いったい スカラベの卵《たまご》は どこにある?
切《き》っても 切《き》っても 見《み》つから ない
やめろ〜
ファーブル先生《せんせい》 これが卵玉《たまごだま》です
ジャーン!
セイヨウナシ形の卵玉《たまごだま》の発見《はっけん》
私《わたし》の だいじな ナシ玉《だま》 よ
白《しろ》いきれいな卵《たまご》が ひとつ!
空気が通るように わらのような 繊維状《せんいじょう》に なっている
でしょ
メ〜
やっと ぎもんが とけたよ!! ありがとう

スカラベ⑧

幼虫《ようちゅう》の玉修理《しゅうり》

さあ、今日はスカラベの幼虫《ようちゅう》の話をしよう。

私《わたし》はスカラベの卵《たまご》の入ったセイヨウナシ形の玉をたくさん採集《さいしゅう》すると、家に持《も》って帰った。12個《こ》の玉をボール紙や木の箱《はこ》に入れ、別《べつ》の12個《こ》はブリキの缶《かん》に入れておいた。

するとボール紙や木の箱《はこ》のものは卵《たまご》がしなびて幼虫《ようちゅう》がかえらなかったり、幼虫《ようちゅう》がかえってもそのまま死《し》んでしまったりしたんだ。

いっぽう、ブリキ缶《かん》の玉は無事《ぶじ》だった。つまり、空気中の水分が外にもれないで湿度《しつど》が一定に保《たも》たれると、玉が乾《かわ》いて固《かた》くならず、卵《たまご》は育《そだ》つわけ。

さて、2週間《しゅうかん》ほどたって、ナシ玉の中で幼《よう》虫《ちゅう》が少し大きく育《そだ》っているころ、「どうなっているかな？」と、私《わたし》は、玉に小さな穴《あな》をあけてみたんだ。

するとすぐに穴《あな》から幼虫《ようちゅう》が顔を出し、何が起《お》こったのか調《しら》べている。そして頭を中に引っこませたかと思うと、中からやわらかい茶色のセメントのようなものが出て、穴《あな》はふさがれてしまった。「セメント」はまもなく乾《かわ》いて固《かた》くなった。

幼虫《ようちゅう》は玉の中身《なかみ》を使《つか》って修理《しゅうり》するんだな、と私《わたし》は思った。たぶん、玉の中に穴《あな》から空気が入って、玉がカチカチに固《かた》くなると食べられなくなるからだろう。

私《わたし》はこの乾《かわ》いた「セメント」を取《と》りのぞいてみた。幼虫《ようちゅう》はすかさずまた、新しい「セメント」で穴《あな》をふさぐ。

そのとき、幼虫《ようちゅう》がくるりと体の向《む》きを変《か》えるのが見えた。

「あっ、そうか！」

私《わたし》は気がついた。幼虫《ようちゅう》は、玉の中身《なかみ》をセメントのように使《つか》うんじゃない。あれは幼虫《ようちゅう》のふんなんだ。スカラベの幼虫《ようちゅう》はぬるりとふんを出し、おしりの先のコテでふんの「セメント」をぬりつけて、穴《あな》をふさぐんだ。うまいやりかたじゃないか。

私《わたし》は幼虫《ようちゅう》の体を調《しら》べてみた。背中《せなか》のところが大きく盛《も》りあがっている。その中に自分のふんがつまっているんだね。

幼虫《ようちゅう》はナシ玉の中身《なかみ》を食べ、その食べかすのふんは出さずに背中《せなか》にためておいて、たまに穴《あな》があいたときなどに修理《しゅうり》の「セメント」として使《つか》っているんだ。

集《あつ》めたナシ玉は入れた箱《はこ》でちがいが出たよ
マル
ブリキ缶《かん》
水分が保《たも》たれる
バツ
木箱《きばこ》
乾《かわ》いてしまう
ナシ玉《だま》の中《なか》はどうなっているんだろう?
コラッ!!
なんで穴《あな》をあけるんだよ!
ポリポリ
穴《あな》があいたままだと玉が固《かた》くなって食べられなくなっちゃうんだ
パカ
すぐにふさぐよ
食べたふんを背中《せなか》にためてセメントのかわりにするなんてきみは本当にかしこいね
見たか
スカラベセメントの力!!
モリモリ
こどものときからすごいんだぞ

スカラベ⑨ 宝石《ほうせき》のようなさなぎ

暑《あつ》い夏が来ると、スカラベの幼虫《ようちゅう》が入ったセイヨウナシ形の玉は、外側《そとがわ》がカチカチに固《かた》くなる。でも幼虫《ようちゅう》は、玉の中のやわらかい部《ぶ》分《ぶん》を食べて、皮《かわ》をぬぎ、無事《ぶじ》さなぎになっている。

さなぎはまるで宝石《ほうせき》のトパーズみたいに、とても美《うつく》しい黄色なんだ。胸《むね》で手を組んでいるところは、まるでひつぎに入ったミイラのよう。

9月になって雨が降《ふ》ると、牧場《まきば》では、ナシ玉の入っている地下室に雨がしみこんできて、カチカチだったナシ玉のからがしめってやわらかくなる。

そのころ中のスカラベは、さなぎの皮《かわ》をぬいで、もう成虫《せいちゅう》になっている。若《わか》い成虫《せいちゅう》は背《せ》中《なか》にえいっと力を入れ、ナシ玉のからをべりべりっとやぶって外に出てくるんだ。

ためしに私《わたし》が、このかわいたナシ玉に水をやらないでそのままにしておくと、中でさなぎから成虫《せいちゅう》に羽化《うか》したスカラベは、かたいからをカリカリむなしくつめでひっかくだけで、外に出ることができず、死《し》んでしまった。

スカラベの仲間《なかま》は北アフリカのエジプトにもたくさんいるよ。エジプトで、スカラベが羽化《うか》してくる時期《じき》を考えてみよう。それは、ちょうど、ナイル川のはんらんの時期《じき》にあたるんだね。

川の水があふれてまわりの地面《じめん》にしみこむと、フランスの9月の雨と同じように、地下のナシ玉のからがしめってやわらかくなり、新しいスカラベが地上に出てくることになる。

それを見て、古代《こだい》エジプトの人びとは、一《いち》度《ど》土の中に入って死《し》んだスカラベが、生まれ変《か》わって出てくるのだと信《しん》じたんだ。

そのために、スカラベを「死《し》と再生《さいせい》」のシンボルとして、宝石《ほうせき》をきざんでその形を作り、ミイラの胸《むね》の上に置《お》いていたんだ。ツタンカーメン王の墓《はか》からも、豪華《ごうか》な、すばらしい宝石細工《ほうせきざいく》のスカラベが出てきているよ。

古代《こだい》エジプトでは、いろいろなものが神様《かみさま》として信仰《しんこう》の対象《たいしょう》になった。イヌもネコもハゲワシも神様《かみさま》だ。

スカラベは「ケプリ神《しん》」といって、毎日太《たい》陽《よう》の玉を東から西まで転《ころ》がしていく神様《かみさま》の化《け》身《しん》だと信《しん》じられていたんだよ。

そろそろ外に出たいなあ
Zz…
Zz…

まるでエジプトのミイラみたいだな
美《うつく》しい宝石《ほうせき》のようだ…

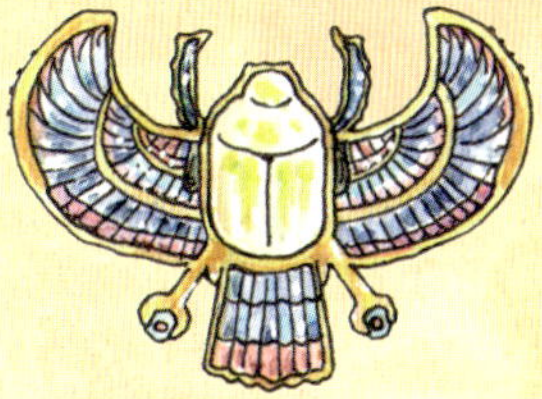

古代《こだい》エジプトの王ツタンカーメンの墓《はか》から見つかった、スカラベをモチーフにした胸飾《むねかざ》りの一部《いちぶ》

玉に水分がないとかたくて外に出られないんだよ
ここが外《そと》か…
パリッ

次《つぎ》はクワガタムシの話だよ！

また会《あ》おう!

ケプリ神《しん》

スカラベが顔になったエジプトの太陽神《たいようしん》

ふん虫《ちゅう》たちのいる南《みなみ》フランスの牧場《ぼくじょう》

ファーブル先生の 写《しゃ》 真《しん》 帳《ちょう》 ①

スカラベなど

ファーブルの時代《じだい》にくらべると、ふん虫《ちゅう》（ふんに集《あつ》まるコガネムシの仲間《なかま》）は少《すく》なくなっています。人工飼《じんこうし》料《りょう》や農薬《のうやく》のために、昔《むかし》のように質《しつ》のよい牛《うし》や羊《ひつじ》のふんが減《へ》っているからです。

スカラベ・サクレとふん玉

ティフォンタマオシコガネのナシ玉
（中にたまごが入っている。）

食べながらふんをする
スカラベ・サクレ

スカラベ・サクレ

牛のふんに群《むら》がるスカラベ・サクレ

オオクビタマオシコガネとふん玉

オオクビタマオシコガネとナシ玉

ティフォンタマオシコガネとナシ玉

クワガタムシ①　日本とフランスのクワガタ

きみたちの大好《だいす》きなクワガタムシやカブトムシの話をしよう。

両方《りょうほう》とも甲虫《こうちゅう》の仲間《なかま》だよ。甲虫《こうちゅう》というのは、昆虫《こんちゅう》の中で、4枚《まい》ある羽のうち、前の2枚《まい》がかたいさやのようになっていて、体を守《まも》っている仲間《なかま》のこと。その下にかくれた後ろ羽をブンブンはばたいて空中を飛《と》ぶんだ。前に話したスカラベは、コガネムシ科の甲虫《こうちゅう》なんだよ。

クワガタムシは、おすのきばみたいな部分《ぶぶん》（大あご）が、昔《むかし》の日本の侍《さむらい》がかぶっていた「かぶと」の飾《かざ》り（この部分《ぶぶん》を「くわがた」という）に形が似《に》ているから、そう呼《よ》ばれるようになったんだ。

おす同士《どうし》はこの大あごで、樹液《じゅえき》のよく出る場所《ばしょ》や、めすをめぐって、必死《ひっし》になってたたかう。そういうときはやっぱり、きばの大きく発達《はったつ》したおすのほうが有利《ゆうり》みたいだ。

カブトムシはスカラベと同じコガネムシの仲間《なかま》だけど、体が大きくていかにも強そうだから、地方によっては「ベンケイ（弁慶《べんけい》）」と呼《よ》ばれることもある。弁慶《べんけい》というのは、平《へい》安時代末期《あんじだいまっき》の源平合戦《げんぺいがっせん》で、源義経《みなもとのよしつね》につかえてたたかった大男のお坊《ぼう》さんで、きみたちの国、日本の英雄《えいゆう》だ。いい名前だね。感《かん》じが出てる。

フランスには、ヨーロッパミヤマクワガタという、日本のミヤマクワガタよりもっと大あごがりっぱなクワガタムシがいるんだ。南フランスには、ワインの栓《せん》に使用《しよう》するコルクガシという木が、山などにいっぱい植《う》えられている。夏の夕方、その林に行くと、ヨーロッパミヤマクワガタがブンブン、たくさん飛《と》んでいるのが見られるよ。山の中で明かりをつけて夜間採集《さいしゅう》をすると、きっとたくさんとれるだろうね。

日本にはミヤマクワガタのほかにも、ノコギリクワガタやオオクワガタなど、大きくて強そうなクワガタがたくさんいて、うらやましいよ。

とくにオオクワガタはすばらしい。ヨーロッパのオオクワガタの一種《いっしゅ》ときたら、豆《まめ》つぶみたいに小さくて貧弱《ひんじゃく》なんだから、日本のオオクワガタとはとてもくらべものにならないよ。残念《ざんねん》。

このかぶとのくわがたみごとじゃろう!
キラーン
鍬《くわ》形《がた》侍《ざむらい》
わしの力にはかなうまい
兜《かぶと》弁《べん》慶《けい》
世界中にはたくさんのカブトムシやクワガタムシがいるんだよ
日本のミヤマにはまけないよ!
ごりっぱ!
オオクワの名《な》がはずかしい
まぁまぁ
オオクワガタ
ヨーロッパオオクワガタ
ミヤマクワガタ
ヨーロッパミヤマクワガタ

クワガタムシ②

秘密《ひみつ》のごちそう

「今度《こんど》のマルディ・グラに、私《わたし》の家においでくださいませんか。コッススをごちそうします。」

私《わたし》は友人たちにそんな手紙を書いた。「マルディ・グラ」というのは、キリスト教の祭日《さいじつ》で、ごちそうを用意《ようい》して祝《いわ》うんだ。

「で、コッススって何ですか」だって？

これはね、秘密《ひみつ》のごちそうなんだ。

そもそも、1世紀《せいき》の古代《こだい》ローマにプリニウスという名のえらい将軍《しょうぐん》がいた。この人はとっても好奇心《こうきしん》の強い、物知《ものし》りでね。ポンペイという街《まち》の近くにあるヴェスヴィオ山という火山が噴火《ふんか》したとき、火山のことを調《しら》べるために、山に近づきすぎて死《し》んだというぐらい研究熱心《けんきゅうねっしん》な人だった。

たくさんの本を読んで、『博物誌《はくぶつし》』という大きな本を書き上げたんだ。その『博物誌《はくぶつし》』にコッスス料理のことが出てくる。

私《わたし》はそれを読んでから、一度《いちど》コッススを料理《りょうり》して食べてみたいと思っていた。それでお祭《まつ》りの日に友人たちを呼《よ》んで、みんなで食べてみることにしたわけだ。

「コッススはくち木の中にすむ白い大きな虫である」と『博物誌《はくぶつし》』には書いてある。だから、これはカミキリムシやクワガタムシのような甲虫《こうちゅう》の幼虫《ようちゅう》のことなんだ。

日本でもこんな幼虫《ようちゅう》のことを「テッポウムシ」といって、昔《むかし》は焼《や》いてしょうゆで味《あじ》をつけて食べていたそうだね。

私《わたし》はコッススを火であぶり、塩《しお》をふりかけて友人たちと食べてみたよ。

火であぶるとジュージュー油《あぶら》がしたたり落《お》ちてうまそうなにおいがした。「おっ、これはいけそうだぞ」と食べてみると、外はカリカリ、中はとろりとクリーミーで、なかなかおいしい。中にはこわごわ食べてるような人もいたけれどね。うちの犬もちょっとにおいをかいだだけで、そっぽを向いちゃうんだよ。

ところで、「コッススを小麦粉《こむぎこ》で育《そだ》てるともっとおいしくなる」ともプリニウスは書いている。

「本当かな」と思った日本の昆虫愛好家《こんちゅうあいこうか》が、実際《じっさい》にクワガタの幼虫《ようちゅう》のえさに小麦粉《こむぎこ》をまぜてためしてみると、うまく育《そだ》ったそうだね。

ファーブル先生のコッスス料理《りょうり》

①
ひとまず
カミキリムシの
幼虫《ようちゅう》を選《えら》んだ

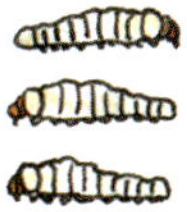

②
きれいに洗《あら》って
ていねいに
くしざしにする

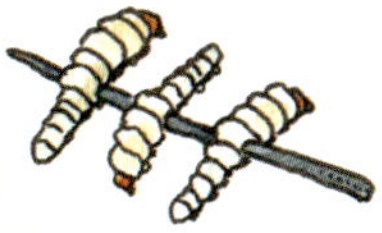

③
強火でしっかり
あぶろう!
そのとき塩《しお》を
少しょう

クワガタムシ③

雑木林《ぞうきばやし》の虫酒場《むしさかば》

　夏、雑木林《ぞうきばやし》に行くと、お酒《さけ》のようなにおいがするよね。クヌギやコナラの木の傷口《きずぐち》から出た樹液《じゅえき》が発酵《はっこう》したにおいだ。カブトムシやクワガタムシ、それにカミキリムシやカナブンが集《あつ》まって来てる。

　オオムラサキやゴマダラチョウのような、タテハチョウの仲間《なかま》も来るよ。このチョウたちは花のみつを吸《す》わないで、こんな樹液《じゅえき》を吸《す》うんだね。それどころか、動物《どうぶつ》のふんにまでとまって汁《しる》を吸《す》うよ。

　そう、そう、スズメバチも来るから気をつけて。スズメバチにさされたらほんとに死《し》ぬことがあるからね。

　カブトムシやクワガタムシは夜のほうがたくさん見られるよ。きっと鳥がこわいから、夜、活動《かつどう》するようになったんだろうね。

　虫にとって鳥というのは、おそろしい敵《てき》だ。地球《ちきゅう》の歴史《れきし》で一番《いちばん》早く空を飛《と》んだのは昆虫《こんちゅう》だった。そのころはゆっくり飛《と》んでいても敵《てき》に食べられなくて安心《あんしん》だったのに、は虫類《ちゅうるい》が空を飛《と》ぶようになり、やがて鳥が現《あらわ》れたんだ。

　それからというもの、鳥から逃《に》げるのに虫は必死《ひっし》だ。でもきっと、そのために虫のほうも、色や形をくふうして、逃《に》げかたやかくれかたがうまくなったんだと思うよ。

　大きな木の幹《みき》であらそうときは、日本ではカブトムシが一番《いちばん》強いぞ。私《わたし》の故郷《こきょう》フランスには残念《ざんねん》ながら、このりっぱな角《つの》を持《も》った甲《こう》虫《ちゅう》はいない。

　カブトムシは、頭の先の長い角《つの》をクワガタムシの大あごの真《ま》ん中から体の下にぐいっとさしこんで、木からはがすようにはじきとばしてしまうんだ。てこの原理《げんり》だね。

　でも、カブトムシとノコギリクワガタをいっしょにかごの中に入れておくと、おそろしいことが起《お》こるよ。じつはね、カブトムシの首がノコギリクワガタにちょん切られてしまうことがあるんだ。

　せまいかごの中だと、さすがのカブトムシも長い角《つの》がじゃまになってうまくたたかえないんだね。

　そこをノコギリクワガタの大あごではさまれると、チョキンとカブトムシの首が切られるというわけなんだよ。雑木林《ぞうきばやし》じゃ、そんなこと起《お》こらないんだけどね。

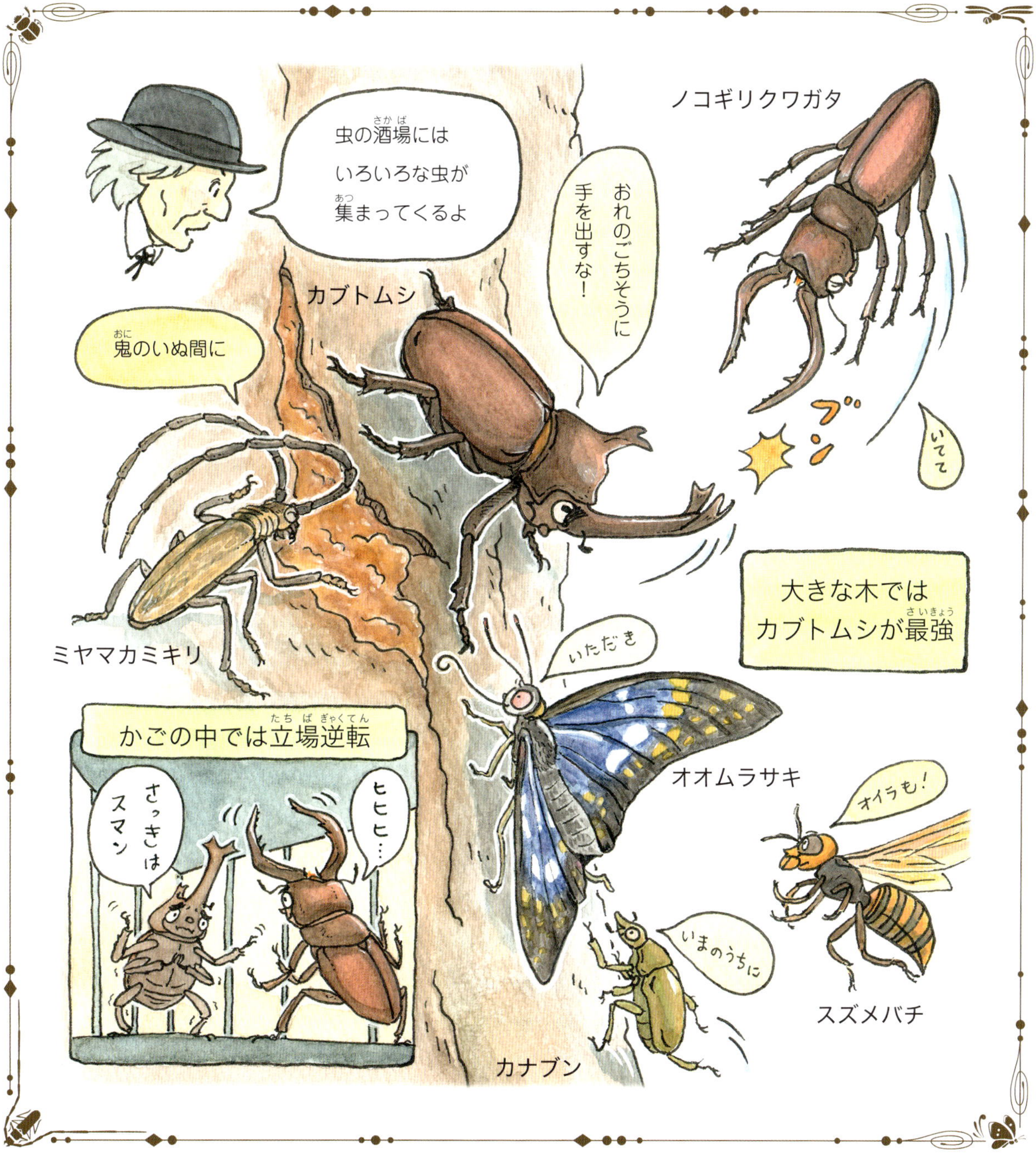
虫の酒場《さかば》には
いろいろな虫が
集《あつ》まってくるよ
おれのごちそうに手を出すな!
ノコギリクワガタ
カブトムシ
鬼《おに》のいぬ間に
ブン
いてて
大きな木では
カブトムシが最強《さいきょう》
ミヤマカミキリ
いただき
かごの中では立場逆転《たちばぎゃくてん》
さっきはスマン
ヒヒヒ…
オオムラサキ
オイラも!
いまのうちに
スズメバチ
カナブン

クワガタムシ④

世界《せかい》のクワガタムシ

クワガタムシというとやっぱり、どれが大きいとか、どれが強いとかいうことに興味《きょうみ》があるだろう？

ずばり世界《せかい》で一番《いちばん》大きいのは、ギラファノコギリクワガタだ。

なにしろ、今まで知られている最大《さいだい》の個体《こたい》は、体長（大あごの先からおしりのはしまでの長さ）が118ミリというんだからおどろくだろう。

大あごの形もぐねぐねと曲《ま》がっていて、すごい迫力《はくりょく》だよ。これは東南アジアにすんでいるんだけど、中でもインドネシアのフローレス島《とう》で見つかるのが最大《さいだい》らしい。

「フローレス島《とう》ってどこにあるの？」だって？　そんなときは地図や地球儀《ちきゅうぎ》で調《しら》べるのさ。昆虫《こんちゅう》のことに興味《きょうみ》をもつと、世界中《せかいじゅう》のいろいろな国について知りたくなる。

そして、そこに暮《く》らす人びととその国の文《ぶん》化《か》や動物《どうぶつ》や植物《しょくぶつ》のことを調《しら》べるようになるんだよ。私《わたし》もそうやって、いろいろな学問《がくもん》を身《み》につけたんだ。

さて、そのほかにも巨大《きょだい》クワガタはたくさんいるよ。

フィリピンにはパラワン島《とう》という島《しま》があって、そこにいるヒラタクワガタの最大《さいだい》のものは112ミリもある。ヒラタクワガタはギラファノコギリクワガタより体のはばが広いからどっしり重量感《じゅうりょうかん》があるね。日本にもヒラタクワガタはいるけれど、とてもかなわないし、フランスにはこの仲間《なかま》のクワガタムシは残念《ざんねん》ながらいないんだ。

ところで、日本では、子どもたちがカブトムシやクワガタムシにすもうをとらせるらしいね。それはすてきな、子どもの遊《あそ》びの文化《ぶんか》だ。

そのほかにも、トンボやセミをとったり、キリギリスやスズムシの鳴く声を楽しんだり、ホタルの光を鑑賞《かんしょう》して俳句《はいく》や和歌《わか》を作ったりする日本の文化《ぶんか》はすばらしいね。

フランスでは、ミツバチやテントウムシ以《い》外《がい》の虫は悪魔《あくま》が作ったものだと長い間信《しん》じられてきたんだ。

神様《かみさま》が作ったとか、悪魔《あくま》が作ったとか議論《ぎろん》する前に、まず生きた虫をありのままに観察《かんさつ》して、よく考えてみよう。

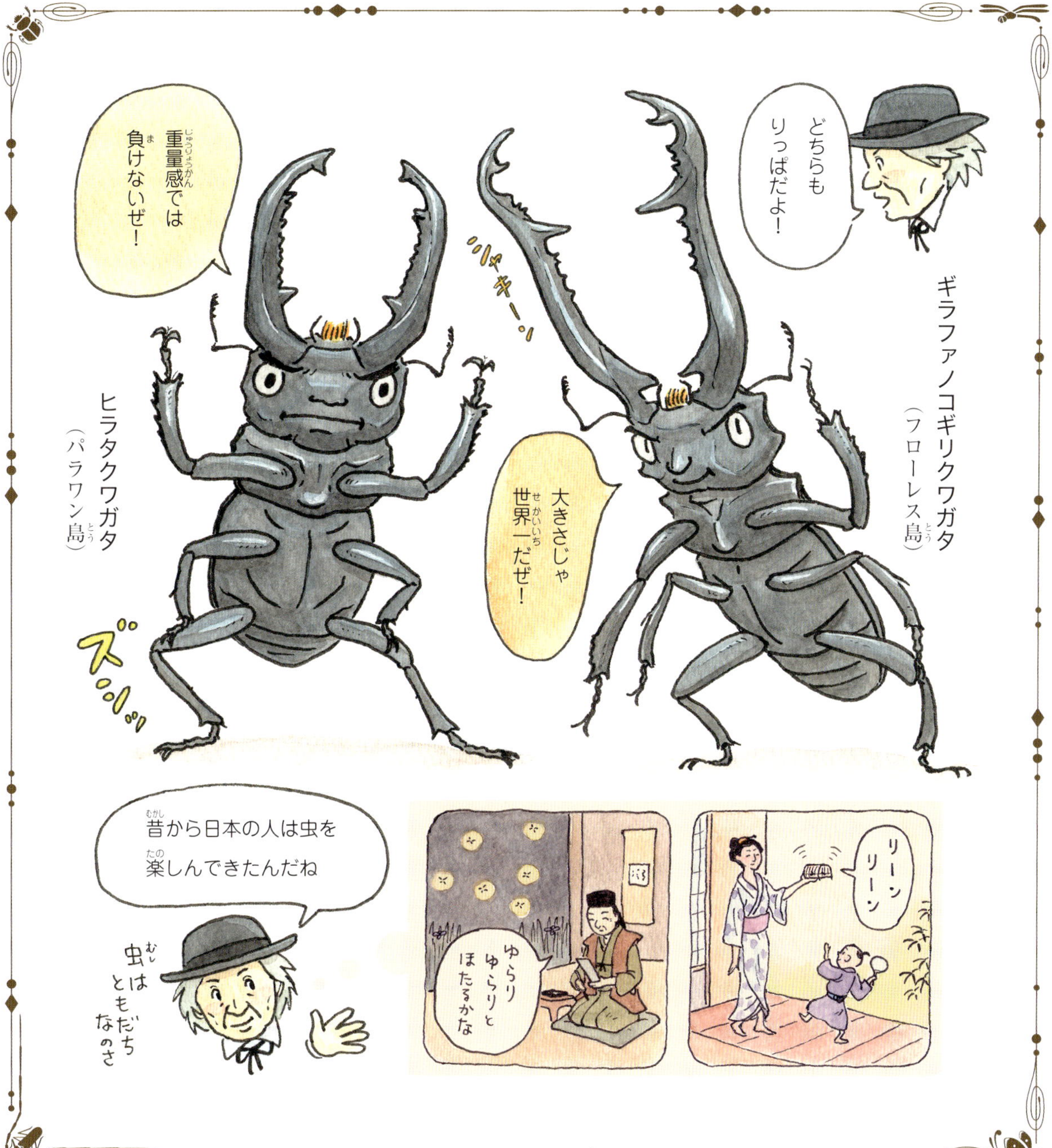
重量感《じゅうりょうかん》では
負《ま》けないぜ!
ヒラタクワガタ
（パラワン島《とう》）
ズシッ!
ジャキー!
大きさじゃ
世界一《せかいいち》だぜ!
どちらも
りっぱだよ!
ギラファノコギリクワガタ
（フローレス島《とう》）
昔《むかし》から日本の人は虫を
楽《たの》しんできたんだね
虫《むし》は
ともだち
なのさ
ゆらり
ゆらりと
ほたるかな
リーン
リーン

ファーブル先生の 標《ひょう》本《ほん》箱《ばこ》① スカラベ・クワガタムシなど

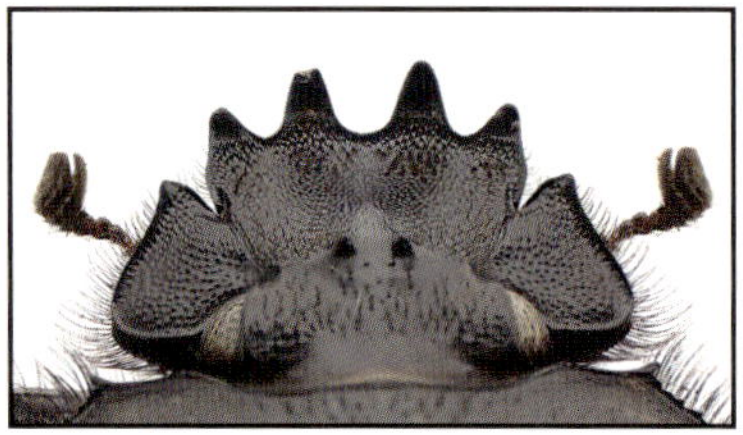

タマオシコガネの頭部《とうぶ》

ふんをほるためにスコップのような形《かたち》になっている。

ティフォンタマオシコガネ

➡ p.6　スカラベ

ファーブルが観察《かんさつ》した種《しゅ》。当時はスカラベ・サクレと考えられていた。

ヒジリタマオシコガネ
（スカラベ・サクレ）

➡ p.6　スカラベ

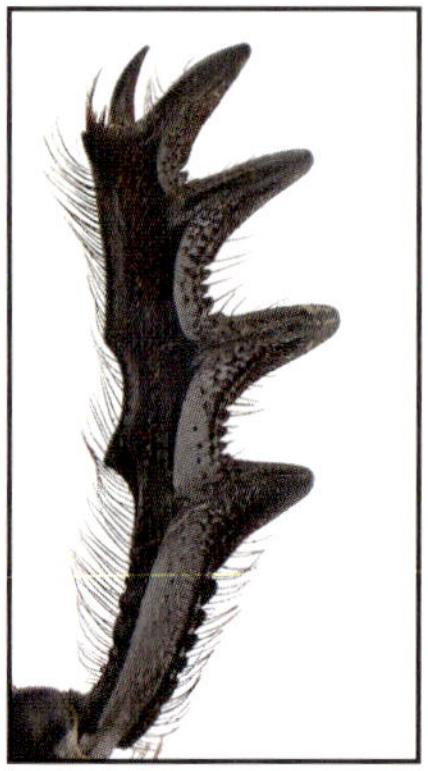

タマオシコガネの前あし

ふんを切りだすためにノコギリの歯《は》のような形になっている。

スカラベが脱出《だっしゅつ》したあとのナシ玉

スナゴミムシダマシ

➡ p.102　オオヒョウタンゴミムシ

オオヒョウタンゴミムシのえものとなる。

オオヒョウタンゴミムシ（南フランス産《さん》）

➡ p.102　オオヒョウタンゴミムシ

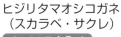

ヨーロッパオオクワガタ
➡ p.26　クワガタムシ

ヨーロッパ産《さん》のオオクワガタの一種《いっしゅ》。
日本産《にほんさん》オオクワガタとくらべるとずいぶん小さい。

ヨーロッパミヤマクワガタ
➡ p.26　クワガタムシ

オオクワガタ（日本産《にほんさん》）
➡ p.26　クワガタムシ

ミヤマクワガタ（日本産《にほんさん》）
➡ p.26　クワガタムシ

セミ①　日本のセミの鳴き声

みんなはセミの声を何種類《しゅるい》知っているかな。

「ミーン、ミーン、ミンミンミン……」と鳴くのはすきとおった羽に緑色《みどりいろ》の体のミンミンゼミだね。

じゃ、「ジリジリジリ……」と天ぷらをあげるときの、熱《あつ》い油《あぶら》がはねるような声で鳴くのは？

そう、羽がこげ茶色のアブラゼミだ。

じゃ、関西《かんさい》や九州《きゅうしゅう》地方《ちほう》で「シャーシャーシャー……」と大合唱《だいがっしょう》のように声を合わせて鳴くのは？

まっ黒にぴかぴか光る、大きな体をしてすきとおった羽のクマゼミだ。

山に行くと夕方、「カナカナカナ……」とよくひびく声で鳴くのがいるね。

あれはヒグラシ。夕方に鳴くから「日暮《ひぐ》らし」なのかな。きれいな声だけど、ちょっとさびしい。

でも、もっとさびしいのは、「オーシーツクツク、オーシーツクツク……」と鳴くツクツクボウシの声だ。夏の終《お》わりに出て、「夏の去《さ》るのがつくづく惜《お》しい」と言って鳴いているように聞こえるじゃないか。「シュクダイヤッタカヤッタカ」と聞こえる人もいるかな？

でもね、アメリカやヨーロッパには、こんなにいろいろないい声で鳴くセミはいないんだよ。

もともとセミは熱帯《ねったい》の昆虫《こんちゅう》だから、熱帯《ねったい》には大型《おおがた》のセミやきれいな色をしたセミはたくさんいるし、ふしぎな声で鳴くセミもいるんだけれど、日本のセミは世界《せかい》にほこれるほどいい声なんだ。

その点でフランス人の私《わたし》は日本のみんながうらやましいね。フランスにはジージーと単《たん》調《ちょう》な声で鳴く小型《こがた》のセミしかいないからね。

それも南の半分、南フランスの地方にしかいないんだ。

だから、北フランスに住《す》んでいる人の中にはセミの声を聞いたことがない、という人もいるし、日本などでセミが鳴くのを聞いても、「あれは鳥の声ですか？」という人もいるくらいなんだよ。

セミを知らない人には、小さな虫があんな大きな声で鳴いているなんて思いもよらないことなんだね。

ミーン
日本にはたくさんのセミがいていいね
?
きみは油《あぶら》っぽいの?
ミンミンゼミ
(♪ミーンミンミンミン)
ムカッ
ちがうよ!!
鳴き声が油《あぶら》のはねる音みたいなんだよ
アブラゼミ
(♪ジリジリジリジリ)
日本ではオレが一番《いちばん》大きいよ
クマゼミ
(♪シャーシャーシャーシャー)
その日《ひ》暮《ぐ》らしなんて失礼《しつれい》な!
まぁまぁ
つくづくおしい名前だね
ヒグラシ
(♪カナカナカナカナ)
ツクツクボウシ
(♪オーシーツクツク)
ミーン
鳴《な》いているのは鳥《とり》ですか?
あれはセミですよ
しらないのっ!

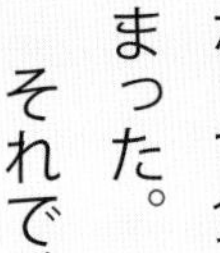

セミ②　「アリとセミ」

きみたちはこんな話をどこかで聞いたことはないかな。

夏じゅう歌って遊《あそ》んでいたセミは、冬になって食べ物《もの》がないので、ひどくこまってしまった。

それで、おとなりのアリの家まで、「おなかがすいてたまらないので、来年の春まで、何か食べ物《もの》を貸《か》してください」とたのみに行った。

ところがアリは冷《つめ》たくてけちで、人に物《もの》を貸《か》すのが大きらい。それがアリの一番《いちばん》小さい欠点《けってん》なんだ。

「暑《あつ》いころは何をしてたの？」と貧《まず》しいセミにアリは聞いた。

「夜も昼もみんなを楽しませてあげようと、歌を歌っていたんです」

「歌を歌っていたの？　それじゃ今度《こんど》はずっとおどっていたら？」

なんていじわるなんだろう！　そうなんだ、イソップ物語《ものがたり》の「アリとキリギリス」そっくりだよね。じつはこれ、もともとは「アリとキリギリス」じゃなくてギリシャ語で書かれた「アリとセミ」の話だったんだよ。

フランスのラ・フォンテーヌという人が、ギリシャ語の物語《ものがたり》をフランス語の詩《し》に直したんだ。それは、フランスの子どもが学校で最《さい》初《しょ》に覚《おぼ》える詩《し》なんだよ。でも36ページで言ったように、フランスでも北のほうの人は、セミのことを知らないんだね。その人たちには「セミ」なんて言ったって、「なんだか知らないけどキリギリスみたいな鳴く虫」というぐらいの意味《いみ》しかなかった。

そんなふうに、ドイツやイギリスでも、この物語《ものがたり》を訳《やく》した本のさし絵には、セミではなくキリギリスが描《えが》かれたんだ。

日本にイソップの物語《ものがたり》が伝《つた》えられたのは、ヨーロッパやアメリカの言葉《ことば》を通《つう》じてだったようだね。だから日本でも、もとの「アリとセミ」の話は「アリとキリギリス」の話にかえられてしまった、というわけ。

もちろんイソップのいた、あたたかいギリシャには、セミがたくさんいるんだよ。文化《ぶんか》というものは、外国にまで伝《つた》えられるときには、こんなふうにいろいろ、思いもかけない形に変形《へんけい》されていくものなんだ。それがまたおもしろいんだね。

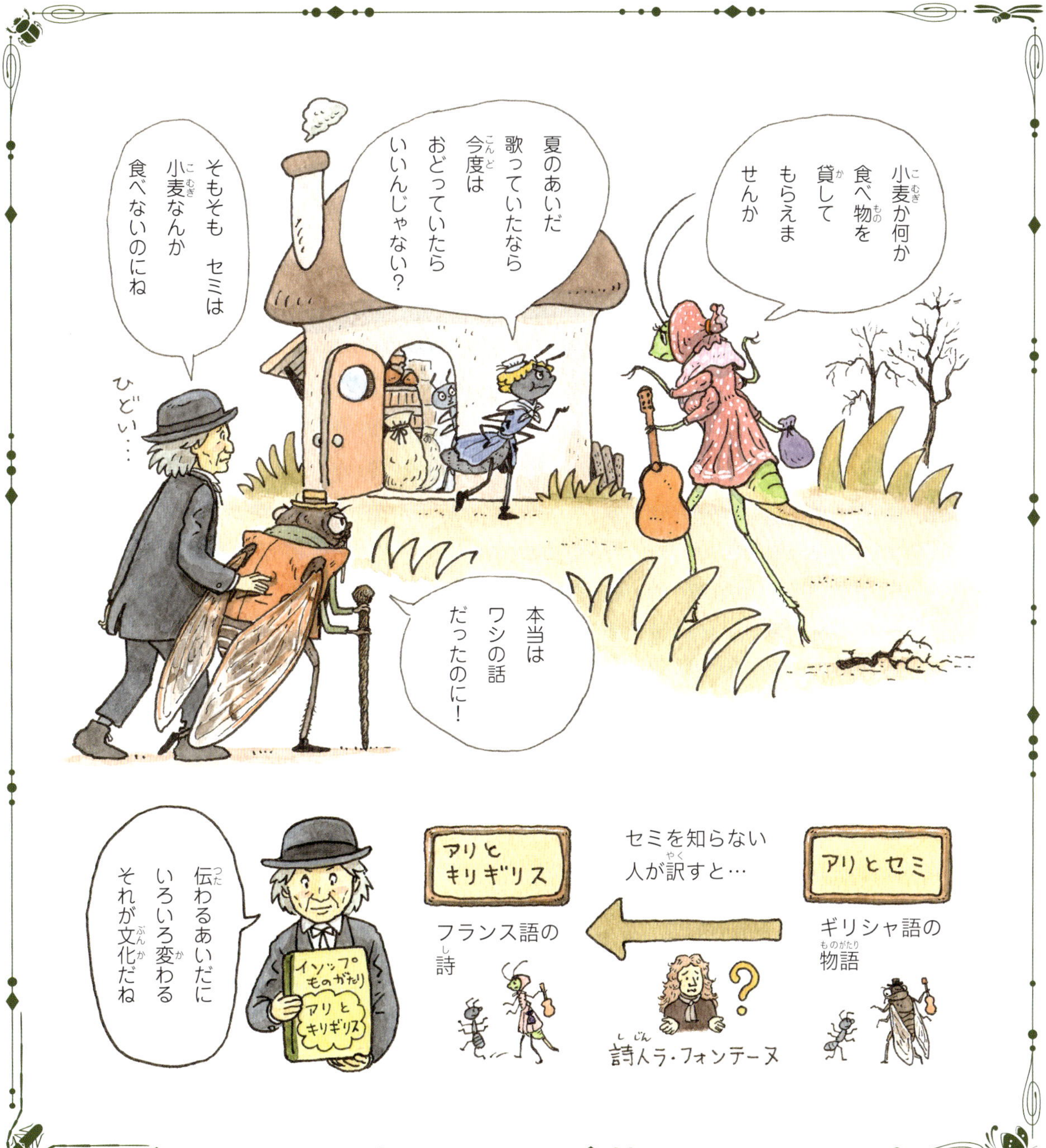

小麦《こむぎ》か何か食べ物《もの》を貸《か》してもらえませんか
夏のあいだ歌っていたなら今度《こんど》はおどっていたらいいんじゃない?
そもそも　セミは小麦《こむぎ》なんか食べないのにね
ひどい…
本当はワシの話だったのに!
アリとセミ
ギリシャ語の物語《ものがたり》
セミを知らない人が訳《やく》すと…
詩人《しじん》ラ・フォンテーヌ
アリとキリギリス
フランス語の詩《し》
イソップものがたり
アリとキリギリス
伝《つた》わるあいだにいろいろ変《か》わるそれが文化《ぶんか》だね

セミ③　セミの体

セミには目が五つもある、と言ったら、みんなびっくりするだろうね。

　では実際《じっさい》にセミをつかまえて調《しら》べてみよう。

　まず頭の両側《りょうがわ》に二つ、はなればなれに、わりあい大きな目があるね。これが「複眼《ふくがん》」。一つの目に見えるけど、じつは小さな目がたくさん集《あつ》まってできているんだ。

　その中間のところに、三つ、小さなつぶがあるだろう。アブラゼミだったら、宝石《ほうせき》のルビーみたいな赤い色をしている。これを「単《たん》眼《がん》」というよ。

　この五つがセミの目だ。セミは昼間活動《かつどう》する昆虫《こんちゅう》だから、目がよく見えるんだ。木にとまって「ミーン、ミーン」と鳴いているところに、つかまえてやろうと、そうっと近づいても、あともう少し、というところでさっと逃《に》げられてしまうね。こっちの姿《すがた》がよく見えてるんだなあ。

　耳はどうなんだろう。セミの耳のはたらきについて、私《わたし》は実験《じっけん》してみた。思いっきり大きな音をたててやったら、セミはどう反応《はんのう》するだろうか。

それで村の役場《やくば》から大砲《たいほう》を借《か》りてきて、セミが鳴いている木のそばで空砲《くうほう》をうつことにしたんだ。

　空砲《くうほう》というのは、弾《たま》をつめないでうつこと。火薬《かやく》を爆発《ばくはつ》させて、「ドン」と大きな音を鳴らすんだ。

　セミが鳴いているプラタナスの大木のそばで実際《じっさい》にうってみた。

　どうなったと思う？　セミは平気だ。知らん顔をして「ジージー」鳴きつづけていたよ。だから私《わたし》は、セミは耳が聞こえないんだと考えた。

　でも、それはまちがっていたみたいだ。生き物《もの》によって聞きとれる音の範囲《はんい》はちがっていたんだね。大砲《たいほう》の音は、セミの聞きとれる範囲《はんい》にはふくまれていないんだ。だからセミは大砲《たいほう》の音を感《かん》じなかったわけ。

　鳴くのはセミのおすだけだよね。やっぱりおすはいい声で歌って、めすに聞いてもらいたいんだよ。そしてめすのほうでも、歌のじょうずなおすに魅力《みりょく》を感《かん》じるらしい。歌がうまいと得《とく》だね。

おなかの中に音をひびかせる
共鳴室《きょうめいしつ》があり、発音筋《はつおんきん》を
動《うご》かして音を出している

セミ④ セミの口とおしり

セミの体をひっくり返《かえ》して裏側《うらがわ》から見てみよう。人間でいえば顔にあたるところに細い管《くだ》があるね。これがセミの口なんだ。

セミはこれを木の幹《みき》につきさして汁《しる》を吸《す》うんだ。

といっても、これをそのままぐさっとつきさすんじゃない。このままだとかたい木の皮《かわ》にささらなくて折《お》れちゃうよね。

この管《くだ》の中に、もっともっと細い針《はり》のような管《くだ》があって、それを木の皮《かわ》の繊維《せんい》の間にじょうずに、無理《むり》なくさしこむんだ。それが極細《ごくぼそ》のストローみたいになっていて、木の汁《しる》を吸《す》うってわけ。

今度《こんど》はセミのおしりを見てみよう。めすのセミは、かれかけた枝《えだ》にとまると、おしりの先から針《はり》を出すんだ。この針《はり》がじつは2本ののこぎりでできているんだからおどろくよね。

この2本の細い棒《ぼう》のようなのこぎりを、右、左、右、左とかわりばんこに動《うご》かして、かたい木の皮《かわ》を切りさく。そして、その中に卵《たまご》を産《う》みつけるんだ。

こうやってのこぎりを使《つか》えば、かたい木にだって傷《きず》をつけることができるんだね。セミは人間よりずっと前にのこぎりを発明《はつめい》したことになる。

セミの母親がいっしょうけんめい卵《たまご》を産《う》みつけていると、小さな小さな虫が飛《と》んできて横でじっと待《ま》ってることがあるよ。

よく見るとハチの仲間《なかま》だ。セミタマゴバチという名前だ。

このハチはセミの母親が卵《たまご》を産《う》みおえるとさっそくやってきて、卵《たまご》の間に自分の卵《たまご》を産《う》みつけるんだ。ハチの幼虫《ようちゅう》はセミの卵《たまご》を食べて育《そだ》つ。

母親のセミがこのハチをふみつぶそうと思えばできるのに、そうはしないんだ。それでセミの卵《たまご》はやられてしまう。

こんなふうにほかの虫や動物《どうぶつ》を利用《りよう》して暮《く》らす生活《せいかつ》のしかたを「寄生《きせい》」というんだよ。

日本のヒグラシというセミの腹《はら》にはときどき白い綿《わた》のようなものがついていることがある。

これはセミヤドリガという小さなガの幼虫《ようちゅう》だ。セミの腹《はら》から養分《ようぶん》を吸《す》って大きくなる。これも寄生《きせい》だよ。

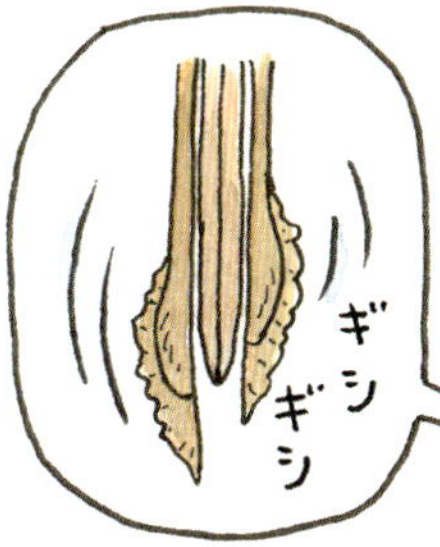

産卵管《さんらんかん》の先はのこぎりのようになっていて、左右を交互《こうご》に動《うご》かし穴《あな》をあける

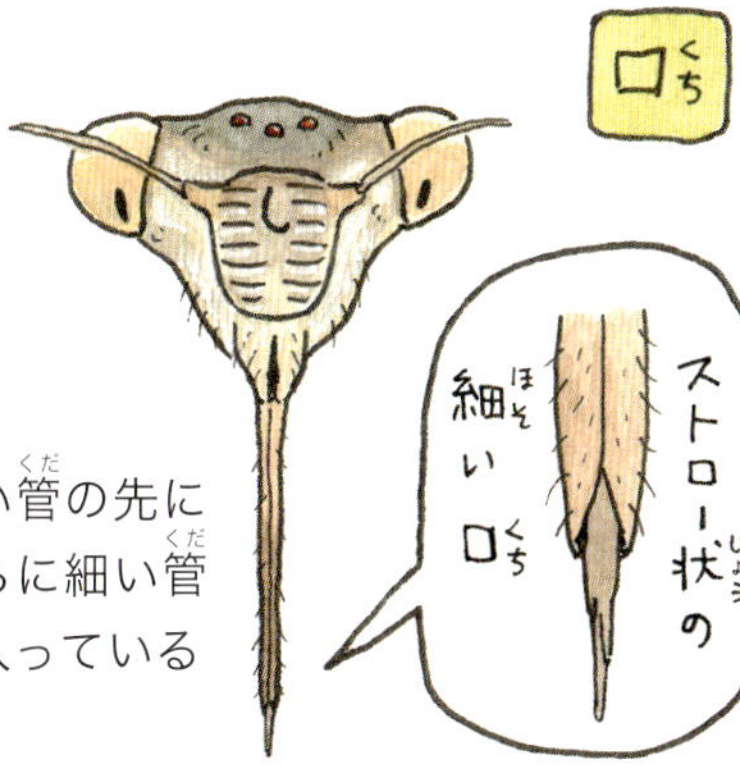

細い管《くだ》の先にさらに細い管《くだ》が入っている

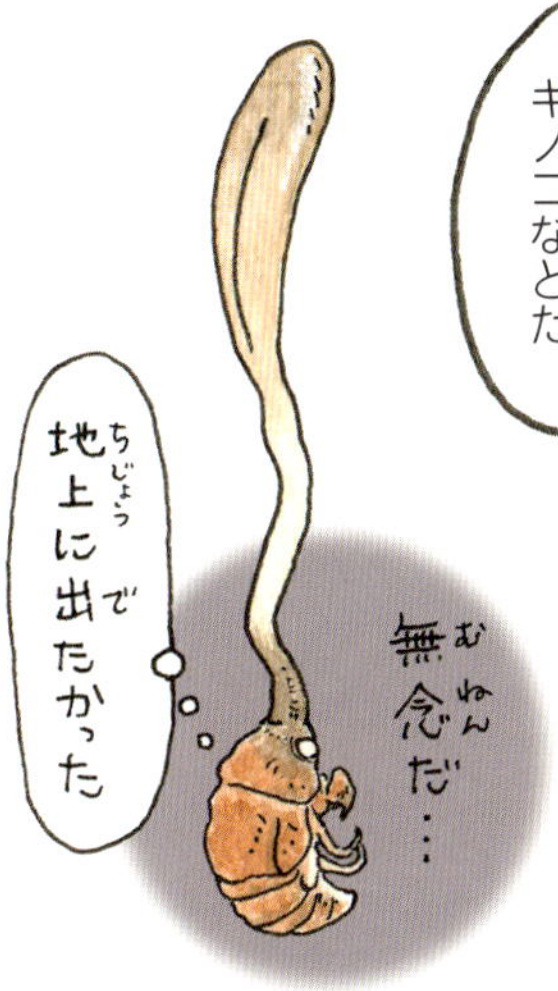

冬虫夏草《とうちゅうかそう》

昆虫《こんちゅう》などに寄生《きせい》するキノコの一種《いっしゅ》。セミの幼虫《ようちゅう》に寄生《きせい》するものをセミタケという

セミヤドリガ

おもにヒグラシのめすに寄生《きせい》する

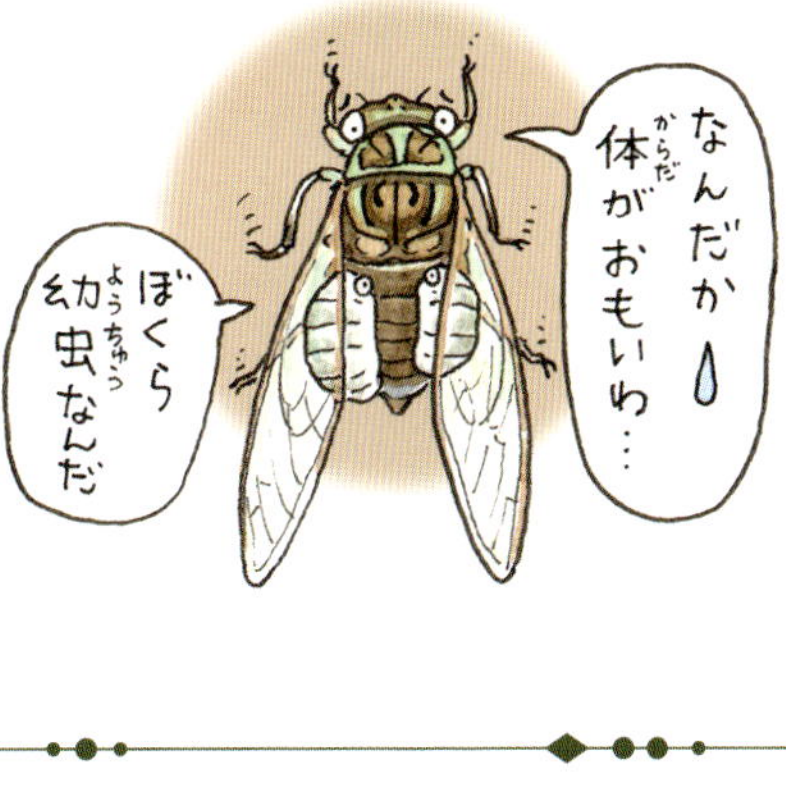

セミタマゴバチ

体長0.3ミリの小さな寄《き》生《せい》バチ。セミの卵《たまご》に自分の卵《たまご》を産《う》みつける

セミ⑤

セミの卵《たまご》と羽化《うか》

夏に木の枝《えだ》に産《う》みつけられたセミの卵《たまご》は、ひと月ほどすると、白かった色が黄色く変化《へんか》してくる。そしてさらにひと月ほどすると、卵《たまご》のはしのほうに、点が二つ見えてくるよ。これが小さなセミの幼虫《ようちゅう》の目なんだ。

みんなは生まれたばかりのセミの幼虫《ようちゅう》を見たことがあるかい？　私《わたし》は一度《いちど》見てみたくて、毎年、セミが卵《たまご》を産《う》みつけた木の枝《えだ》を調《しら》べていたんだ。長い間待《ま》っていた私《わたし》はぐうぜん、その瞬間《しゅんかん》に出あうことができた。

ある十月の終《お》わりのことだった。

「あーあ、今年もまたセミの卵《たまご》がかえるところが見られなかったか」

私《わたし》はがっかりしながら、暖炉《だんろ》のそばにセミが卵《たまご》を産《う》みつけた小枝《こえだ》のたばを積《つ》みあげた。するとそのとき、目の前でセミの卵《たまご》がかえりはじめたじゃないか！

寒《さむ》い日に、暖炉《だんろ》の火で急《きゅう》にあたためられたのがよかったんだね。野外だと、太陽《たいよう》の光が当たってこんなふうにあたためられたとき、同じように卵《たまご》がかえるんだろうね。

野外では、卵《たまご》からかえったセミの幼虫《ようちゅう》はぼとりと地面《じめん》に落《お》ち、しばらく歩きまわってから、土の中にもぐるんだ。

幼虫《ようちゅう》は、地上の寒《さむ》さからのがれるために、どんどん深《ふか》く土の中にもぐっていく。深《ふか》いところは地表とちがって、温度《おんど》がわりあい安定《あんてい》しているんだ。

幼虫《ようちゅう》は土の中で植物《しょくぶつ》の根《ね》から汁《しる》を吸《す》って大きくなる。でもその汁《しる》は栄養分《えいようぶん》が少ないから、セミが成虫《せいちゅう》になるまで、何年もかかる。アメリカには17年もかかって成虫《せいちゅう》になるセミがいるくらいだ。その名もジュウシチネンゼミという。

夏の夕方、公園や庭《にわ》で、セミの幼虫《ようちゅう》が出てくるところを観察《かんさつ》してごらん。

幼虫《ようちゅう》が木にのぼり、安定《あんてい》した場所《ばしょ》を決《き》めると、背中《せなか》の皮《かわ》がわれて、中からきれいなうす緑色《みどりいろ》のセミが出てくるよ。

やがて羽がのび、体の色が変《か》わって飛《と》びたつまでの変身《へんしん》は、観察《かんさつ》するだけの価値《かち》はある。すごい大変身《だいへんしん》だぞ。

セミの一生
（※アブラゼミの場合）
セミの羽化《うか》はとても神秘的《しんぴてき》だよ！
夏、木の枝《えだ》に卵《たまご》が産《う》みつけられる
一年《いちねん》まつよ
翌年《よくとし》の初夏《しょか》
いよいよ脱皮《だっぴ》だ
虫《むし》らしくなったよ
卵《たまご》から生まれた幼虫《ようちゅう》は地中にもぐる
地中《ちちゅう》をめざすよ
〈幼虫《ようちゅう》の時代《じだい》〉
木の根《ね》の汁《しる》を吸《す》って大きくなり、５年ほど地中で過《す》ごし、大きくなる
じっくりおおきくなるよ
まだまだ
あとすこし！
真夏《まなつ》のある日、暗《くら》くなると地上に出てきて木にのぼる
ここが外《そと》か～
枝《えだ》につかまってゆっくり羽化《うか》する。体がかたくなって成虫《せいちゅう》になる
いざ空《そら》へ!!
もう少しで飛《と》べるんだ
成虫《せいちゅう》は夏の２週間《しゅうかん》ほどを精《せい》いっぱい生きる

ツチスガリ① 「生きた」ハチの研究《けんきゅう》

ここからはしばらくハチについて話そう。ハチは私《わたし》が昆虫《こんちゅう》の生態研究《せいたいけんきゅう》を始《はじ》めるきっかけとなった虫なんだ。

ある冬の夜のことだった。とても寒《さむ》い日でねえ、私《わたし》は暖炉《だんろ》のそばで科学雑誌《かがくざっし》を読んでいたんだ。パラパラとページをめくっていて、「おや?」と思った。

「タマムシツチスガリの研究《けんきゅう》」という表題《ひょうだい》が目についたんだ。書いたのはレオン・デュフールという人で、「スガリ」というのはハチのこと。「タマムシツチスガリ」は、タマムシをえものにする、狩《か》りバチの一種《いっしゅ》なんだ。狩《か》りバチというのは、幼虫《ようちゅう》のえさにするために、えものを狩《か》るハチだよ。

実際《じっさい》にその論文《ろんぶん》を読んで、私《わたし》はひどく驚《おどろ》いた。

なぜなら、それまで昆虫学《こんちゅうがく》というと、昆虫《こんちゅう》を採集《さいしゅう》して標本《ひょうほん》を作り、体の構造《こうぞう》を研究《けんきゅう》することだけだったんだ。

生きている虫がどんなことをするか、なんていうことは、だれも調《しら》べてみようともしなかった。

でも、デュフールの論文《ろんぶん》には、まさに、生きている昆虫《こんちゅう》の生態《せいたい》について書かれていたんだ。

「なんておもしろいんだろう! これこそ自分が本当にやりたかったことだ!」

私《わたし》の胸《むね》は期待《きたい》で高鳴った。

デュフールはこう書いていた。

「タマムシツチスガリは土の中に巣《す》を作っている。その巣《す》をほってみると美《うつく》しいタマムシがザクザク出てくる」

しかも、ハチの巣《す》からほりだされたタマムシは、暑《あつ》い季節《きせつ》でもくさっていないし、かわいてパリパリにもなっていないというんだ。

「まるでハチが秘密《ひみつ》の防腐剤《ぼうふざい》を注射《ちゅうしゃ》したようだ」と。

それを読んで私《わたし》は考えた。

「秘密《ひみつ》の防腐剤《ぼうふざい》って、実際《じっさい》にはどんなものなんだろう? その秘密《ひみつ》こそ、研究《けんきゅう》する必要《ひつよう》があるんじゃないか?」

そこで私《わたし》は、自分自身《じぶんじしん》で野外に出て、ハチの研究《けんきゅう》を始《はじ》めてみることにしたんだ。

やはり自分の目で確《たし》かめることが大切だからね。

ぐうぜん手にした1冊《さつ》の書物《しょもつ》との出あいが、ファーブル先生の未来《みらい》を決《き》めた

ツチスガリ②

ハチのゾウムシ狩《が》り

デュフールの研究《けんきゅう》にヒントを得《え》て、私《わたし》はコブツチスガリという狩《か》りバチの一種《いっしゅ》を研究《けんきゅう》することにしたんだ。ハチの活動《かつどう》する季節《きせつ》に街《まち》はずれのがけに行ってみた。そこにコブツチスガリがたくさん集《あつ》まって、巣穴《すあな》をほっているんだよ。

このハチが自分の幼虫《ようちゅう》に食べさせるために選《えら》ぶえものは、体の大きなゾウムシの一種《いっしゅ》、ヨツテンハスジゾウムシだ。

巣穴《すあな》の前で見ていると、コブツチスガリはえものを持《も》って、どこからともなくブーンと飛《と》んでくる。そして巣《す》から少しはなれたところにどさりとおりて、あとは巣《す》の入り口のあるがけの中腹《ちゅうふく》まで、えものをくわえて引きずりあげていく。ゾウムシは死《し》んだように動《うご》かない。

それにしてもハチはずいぶん軽《かる》がるとえものを抱《かか》えて飛《と》んでくるもんだ。

私《わたし》はコブツチスガリと、えもののゾウムシの重《おも》さをはかってみた。その結果《けっか》は、

ハチ……150ミリグラム

ゾウムシ……250ミリグラム

つまり、ハチは自分の体重《たいじゅう》の1.7倍近《ちか》いものを軽《かる》がると抱《かか》えて飛《と》ぶことができるんだ。まるで小型《こがた》の飛行機《ひこうき》が自動車《じどうしゃ》を運《はこ》ぶようだね。

私《わたし》は、ゾウムシの体を調《しら》べるために、できるだけたくさん集《あつ》めることにした。どうやったと思う？

かんたんだ。コブツチスガリがゾウムシを抱《かか》えて巣穴《すあな》まで帰ってきたところを、わらでつついてつっころばし、えものをさっと取《と》りあげるだけ。ハチは「あれ？　えものはどこへいった？　おかしいな。」というふうに探《さが》しているけど、すぐまた狩《か》りをしに飛《と》んでいってしまう。

そして10分もしないうちに新しいえもののゾウムシを抱《かか》えて帰ってくるんだ。しかも必《かなら》ずヨツテンハスジゾウムシだけを持《も》ってくる。ほかの種類《しゅるい》は1ぴきもまじっていないんだよ。

どうしてこんなに速《はや》く、正確《せいかく》にえものを見つけることができるのか。においでかぎつけるのか。特《とく》にゾウムシだけよく見える目を持《も》っているのか。

昆虫《こんちゅう》には、人間にはわからないふしぎな能《のう》力《りょく》があるようだね。

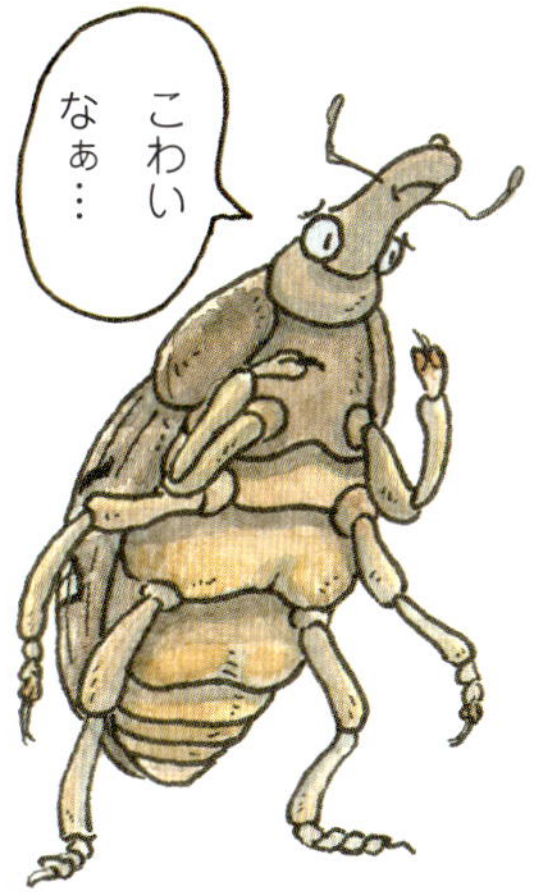

ヨツテンハスジゾウムシ
ファーブル先生のいたフランスではよく見られるゾウムシの一種《いっしゅ》

コブツチスガリ
子どものためにえものを狩《か》る「狩《か》りバチ」の一種《いっしゅ》

たとえると…

ツチスガリ③　電《でん》池《ち》実《じっ》験《けん》

「デュフールの言うように、狩《か》りバチはえものに防腐剤《ぼうふざい》を注射《ちゅうしゃ》して、くさらないようにしているのか？　そのことを研究《けんきゅう》するにはもっとゾウムシが必要《ひつよう》だ」

そう思って、私《わたし》はコブツチスガリの巣穴《すあな》をほってみたんだ。

細長いトンネルのような巣穴《すあな》は、入り口からしばらく行ったところで、何本にも枝分《えだわ》かれしている。そしてそれぞれのトンネルの奥《おく》に、えもののゾウムシがたくわえられていた。

数えてみると、小部屋《こべや》ごとに1、2、3……6ぴきもいる。これがみんなハチの幼虫《ようちゅう》1ぴき分の食糧《しょくりょう》だとすると、幼虫《ようちゅう》はずいぶんたくさん食べるもんだね。

こうしてハチの巣穴《すあな》をいくつもほり、私《わたし》は100ぴきほどのゾウムシを手に入れた。研《けん》究材料《きゅうざいりょう》がたっぷりそろったわけだ。

ハチから取《と》りあげたゾウムシを私《わたし》は家に持《も》って帰って、虫めがねでくわしく調《しら》べてみた。しかしどこにも傷《きず》らしいものは見あたらない。

ゾウムシの体を解剖《かいぼう》してみると、内臓《ないぞう》は生きているように新鮮《しんせん》だし、紙に包《つつ》んでおいても、パリパリに乾《かわ》くことも、くさってしまうこともない。デュフールが研究《けんきゅう》したタマムシと同じだ。

「やっぱり、ハチが防腐剤《ぼうふざい》を注射《ちゅうしゃ》したんだろうか。でも、ゾウムシが本当に死《し》んでいるかどうか、確《たし》かめる必要《ひつよう》があるぞ……そうだ！　電気《でんき》を使《つか》おう！」

ゾウムシに弱い電流《でんりゅう》を流《なが》してみると、なんと、反応《はんのう》してあしを動《うご》かしたんだ。

「えものの虫は生きてるじゃないか！」

でも、もしかしたら電流《でんりゅう》のせいで、死《し》んだ虫の筋肉《きんにく》がけいれんしているだけなのかもしれない。それじゃあ、本当に死《し》んでいるゾウムシでためしてみよう。

そこで今度《こんど》は、毒《どく》の薬《くすり》で殺《ころ》したゾウムシに電流《でんりゅう》を流《なが》してみた。すると、ピクリとも動《うご》かない。

ということは、ハチが運《はこ》んだゾウムシは、やっぱり生きていたんだ。

「ハチのえものは、秘密《ひみつ》の防腐剤《ぼうふざい》なんか注射《ちゅうしゃ》されてはいない。デュフールの説《せつ》はまちがっていたんだ！」

コブツチスガリの巣《す》(断面《だんめん》)

電《でん》池《ち》実《じっ》験《けん》

弱い電流《でんりゅう》を流《なが》すと…

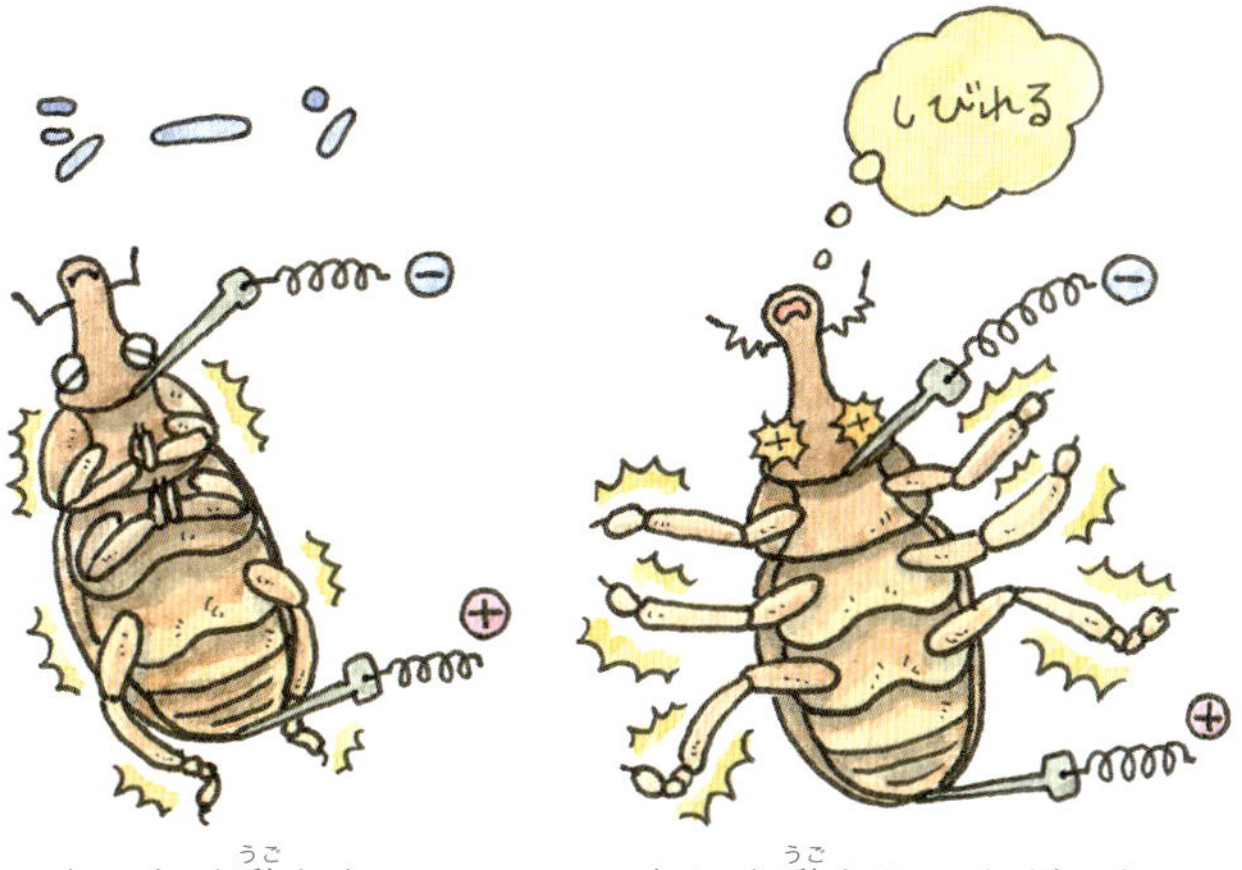

ハチが運《はこ》んできたゾウムシ

あしを動《うご》かしてもがいた

毒《どく》で死《し》んだゾウムシ

まったく動《うご》かない

ツチスガリ④ たおす瞬間《しゅんかん》を見る実験《じっけん》

狩《か》りバチの一種《いっしゅ》コブツチスガリが運《はこ》んでくるえもののゾウムシは、死《し》んだように動《うご》かないけれど、じつは生きていることがわかった。じゃあハチはどうやってゾウムシをたおすと思う？

私《わたし》は実験《じっけん》してみることにした。

「生きたゾウムシをつかまえて、ハチの目の前につきつけてやれば、ハチがえものをやっつける瞬間《しゅんかん》が見られるかもしれない！」

そう考えた私《わたし》は、翌朝《よくあさ》から生きたゾウムシを探《さが》しまわった。そして、畑《はたけ》や生けがき、道のへり、あらゆるところを探《さが》し、２日間かけてやっと3びき、ぼろぼろのゾウムシをつかまえたんだ。

ハチなら飛《と》びたってから10分もたたないうちに、さなぎからかえったばかりでぴかぴかのゾウムシをつかまえて帰ってくるのに、それとはえらいちがいだ。

さて、やっとつかまえたゾウムシを、私《わたし》はハチの巣穴《すあな》から数センチはなれたところに置《お》いてみた。

ゾウムシは生きているからうろうろ歩きまわる。ゾウムシがあまり巣穴《すあな》からはなれすぎると、もとの場所《ばしょ》にもどしてやる。

そんなふうにして待《ま》っていると、ようやくハチが穴《あな》から出てきた。

「さあ、いよいよハチがゾウムシをやっつけるところが見られるぞ！」

かたずをのんで見守《みまも》っていると、なんと、ハチはぼろぼろのゾウムシをバカにしたように、またぎこして飛《と》んでいってしまったんだ。

私《わたし》はがっかりしたね。

ほかの巣穴《すあな》でまた同じ実験《じっけん》をしてみたけれど結果《けっか》は同じ。ゾウムシがぼろだから、ハチは気に入らないのかもしれない。そう考えて、このやりかたはあきらめた。

それなら、せまいガラスびんの中にゾウムシといっしょにとじこめてやったらどうだろう。ハチは針《はり》でさしてやっつけてしまうんじゃないか。

でも、これもだめだった。ハチはびんから出ようとうろたえてしまって、えものをさすどころじゃない。

いったいどうしたらハチがゾウムシをたおす瞬間《しゅんかん》が見られるんだろう？

実験《じっけん》するには生きたゾウムシが必要《ひつよう》

ゾウムシをハチの巣穴《すあな》の近くに置《お》いてみた

ハチはぼろぼろのゾウムシを
またぎこして飛《と》んでいってしまった

立場逆転《たちばぎゃくてん》！

ツチスガリ⑤

ハチの必殺技《ひっさつわざ》

いっしょうけんめい考えているうちに、狩《か》りバチの一種《いっしゅ》コブツチスガリが、えもののゾウムシをたおすところを見るための、すばらしいアイデアがひらめいた。

ハチがゾウムシを運《はこ》ぶのに夢中《むちゅう》になっているときに、別《べつ》の生きたゾウムシととりかえてしまうんだ。それなら、私《わたし》のとりかえたゾウムシが少しぐらいぼろでも、ハチは気づかないかもしれない。

前にも話したけれど、コブツチスガリはえものをかかえて飛《と》んでくると、巣穴《すあな》から少しはなれた斜面《しゃめん》にどさりと着地《ちゃくち》し、それからよいしょ、よいしょと苦労《くろう》してえものを引きずりあげる。そのさいちゅうに、えものをピンセットではさんで取《と》りあげ、かわりのゾウムシをあたえるわけだ。

このやりかたで見事に成功《せいこう》。ハチは、ゾウムシが自分の体の下から急《きゅう》にいなくなったので、いらいらしたようにあしで地面《じめん》をたたき、くるりとふりかえった。

するとそこに私《わたし》のあたえた身《み》がわりのゾウムシがいる。ハチはすぐに飛《と》びかかって引きずっていこうとしたけれど、元気なえものはいうことをきかない。

そのとき、とうとう必殺技《ひっさつわざ》を見せてくれた。ハチはゾウムシと向《む》かいあうと、大あごでゾウムシの長い鼻《はな》のような口吻《こうふん》をつかまえ、おさえこんだ。そしてしっぽの先をのばすと、ゾウムシの胸《むね》のかたい殻《から》のすきまを針《はり》でチクリとやったんだ。

するとゾウムシは、まるで雷《かみなり》にうたれたように、一瞬《いっしゅん》で動《うご》かなくなったんだよ。

なぜ、ゾウムシの動《うご》きは、ハチのこの一撃《いちげき》でぴたりととまったのか。ハチがさしたゾウムシの胸《むね》の奥《おく》にはいったい何があるんだろう？

私《わたし》が調《しら》べてみると、そこには、6本のあしを動《うご》かす神経《しんけい》のかたまりが三つ、集中《しゅうちゅう》していることがわかった。だから、ここに毒針《どくばり》をさされると、ゾウムシは運動神経《うんどうしんけい》がまひしてしまって、あしが動《うご》かせなくなるんだ。

内臓《ないぞう》のはたらきなんかは何ともないけれど、運動《うんどう》だけがとまってしまうんだよ。そのことをハチはどうして知っているのか、本当にふしぎだ。

ゾウムシを狩《か》るコブツチスガリ

大あごでゾウムシの長い口吻《こうふん》をつかまえておさえこみ、しっぽの先の針《はり》でさす

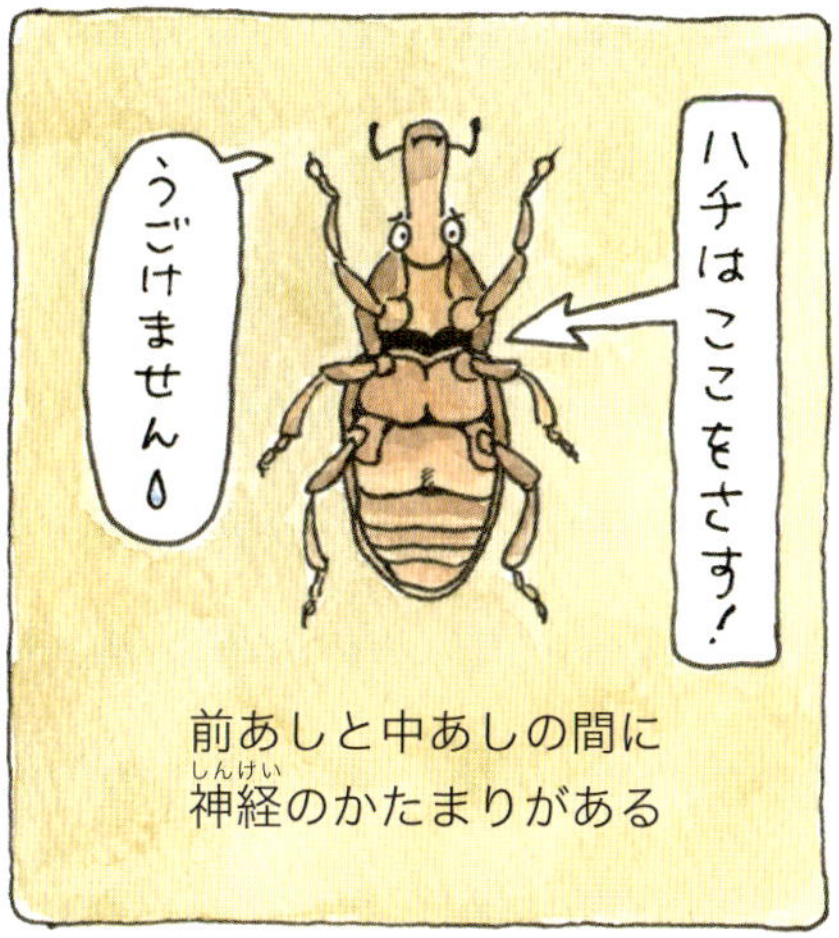

ツチスガリ⑥ ハチをまねた実験《じっけん》

ハチがゾウムシを、毒針《どくばり》のひとさしでやっつけることができるのは、胸《むね》の奥《おく》にゾウムシの運動神経《うんどうしんけい》が集中《しゅうちゅう》しているからだ、ということは54ページで話したね。

昆虫解剖学《こんちゅうかいぼうがく》の本で、同じように神経《しんけい》のかたまりが1か所《しょ》に集中《しゅうちゅう》している甲虫《こうちゅう》を探《さが》してみると、タマムシやゾウムシとならんで、あのスカラベもそうだと書いてあったんだ。

「よし、実験《じっけん》してみよう」

私《わたし》はスカラベをつかまえてきて、ひっくり返《かえ》し、胸《むね》の真《ま》ん中《なか》、よろいの合わせ目のところをさしてみることにした。ハチの毒《どく》のかわりにアンモニアを使《つか》うことにし、針《はり》のかわりにペン先を使《つか》った。

ペン先にアンモニアをつけてチクリとさすと、手あしをもがいていたスカラベの動《うご》きがぴたりととまったじゃないか。スカラベはがんじょうで力の強い虫だから、それがこんなにかんたんに静《しず》かになったので、私《わたし》はびっくりしたぐらいだ。

コブツチスガリと同じようなことが私《わたし》にもできたんだ。ゾウムシを使《つか》っても、もちろん結果《けっか》は同じ。

え？　虫がかわいそうだって？　たしかにね。でも、こうした研究《けんきゅう》が科学《かがく》の進歩《しんぽ》に役《やく》立《だ》っていくんだ。それに昆虫《こんちゅう》は人間のようには痛《いた》みを感《かん》じないと考えていいと思うよ。

さて、私《わたし》は、比較《ひかく》のために、神経《しんけい》のかたまりが何か所《しょ》かに分散《ぶんさん》している虫でも実験《じっけん》してみた。

たとえばオサムシやゴミムシにペンでアンモニアを注射《ちゅうしゃ》してみた。すると、むちゃくちゃにけいれんを起《お》こすんだけど、しばらくすると何ごともなかったかのように平気《へいき》で歩きだしたんだ。

虫の体の神経《しんけい》の集《あつ》まりかたによって注射《ちゅうしゃ》の効果《こうか》がちがうことが、これではっきりした。

ハチがえものにする甲虫《こうちゅう》は、いつも神経《しんけい》がひとまとまりになっているもの、ときまっているんだね。まるで、すぐれた解剖学者《かいぼうがくしゃ》のように、ハチはえものの体の構造《こうぞう》を知っているんだよ。

そんなことをハチは学校なんかで学ぶわけじゃないよね。生まれたときから知ってるんだ。

アンモニア注射《ちゅうしゃ》の実験《じっけん》

ゾウムシやタマムシのように
スカラベは神経《しんけい》のかたまりが
1か所《しょ》に集《あつ》まっている
そこにアンモニアを注射《ちゅうしゃ》すると…

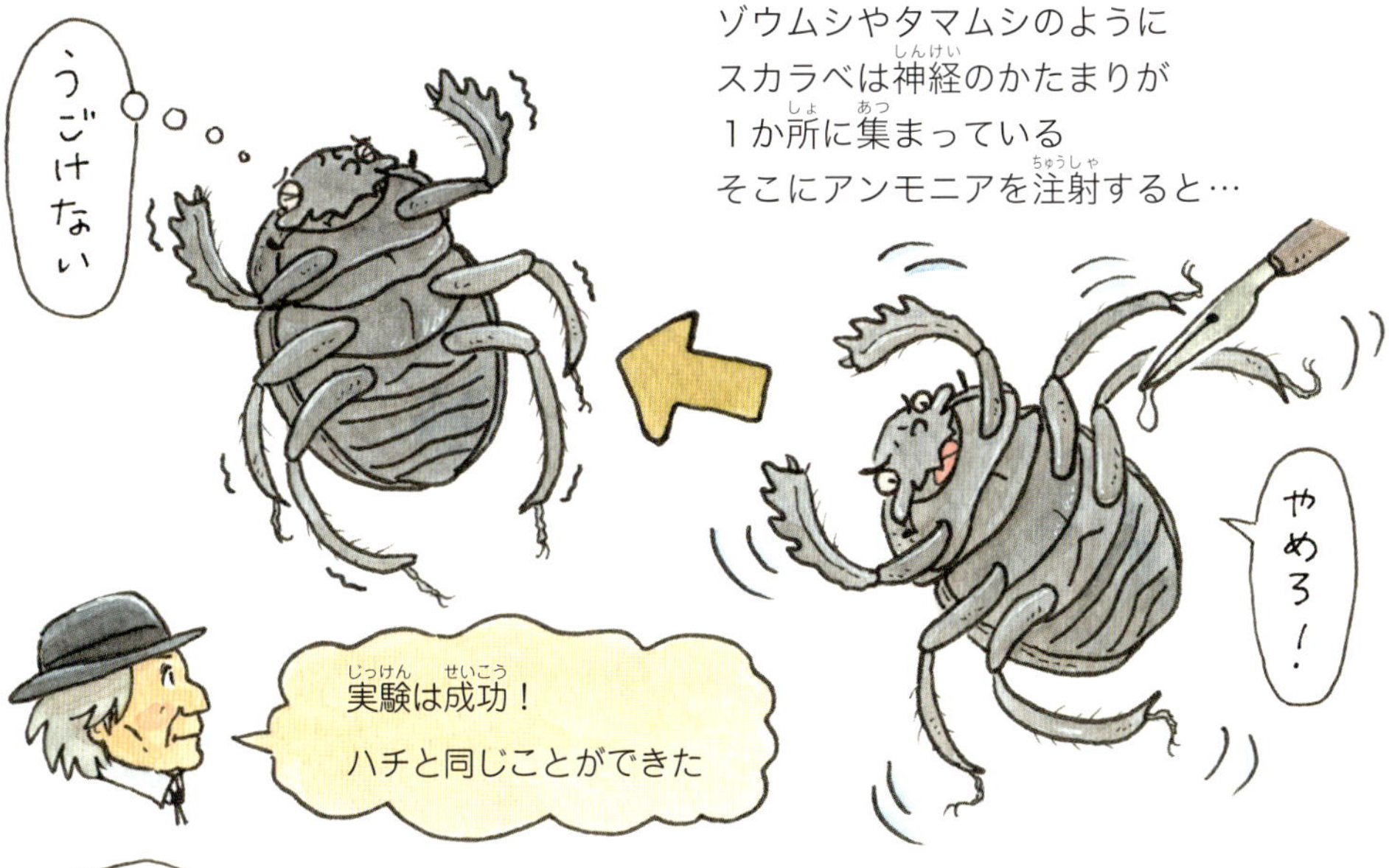

一方　神経《しんけい》のかたまりが何か所《しょ》かに
分かれている虫で実験《じっけん》すると…

ツチスガリ⑦　幼虫《ようちゅう》のえさ

そもそも狩《か》りバチがえものをつかまえるのは、えものを自分の子どものえさにするためなんだ。

ハチは、巣穴《すあな》の中で、えもののゾウムシに卵《たまご》を産《う》みつける。卵《たまご》からかえったハチの幼虫《ようちゅう》は、この、生きてはいても動《うご》くことのできないゾウムシの体を、少しずつ食べていくというわけだ。

考えてみるとふしぎじゃないか。ハチの親は花のみつを吸《す》ってるよね。それなのに、ハチの子どもはゾウムシを食べる。つまり肉食なんだ。

ハチは自分の子どもに出あうこともない。でも、子どもが肉食だということを知っていて、こんなことをするんだ。

ところで、「生きたまま食べられるゾウムシはどんな気持《きも》ちだろう？　考えただけでぞーっとする」と思わないか。

でも前にも言ったように、昆虫《こんちゅう》は人間のように痛《いた》がったり、未来《みらい》のことを心配《しんぱい》したりしないようだよ。ゾウムシのほうでは、「なんだか変《へん》だなあ」ぐらいの感覚《かんかく》しかないのではないか、と私《わたし》は考えているんだ。

しかもハチの幼虫《ようちゅう》は、ゾウムシの命《いのち》に関係《かんけい》のないところから順番《じゅんばん》に食べていく。だから幼虫《ようちゅう》が体を食べつくすぎりぎりまで、ゾウムシは生きているんだ。

こんなハチの行動《こうどう》をどう考えたらいいんだろうね。

私《わたし》はずいぶん考えて、結局《けっきょく》、こんな行動《こうどう》は「本能《ほんのう》」の中に組《く》みこまれている、と思うようになったんだ。

つまり、ハチの脳《のう》は小さなコンピューターのようなもので、決《き》まった行動《こうどう》をするようにプログラムが作られている、ということなんだ。そのプログラムこそが本能《ほんのう》というものなんだね。

そして、その本能《ほんのう》はハチの親にも幼虫《ようちゅう》にもある。

つまり親のハチは、えものをつかまえてきまったところに針《はり》をさし、手あしをまひさせて、体の動《うご》きをとめる。幼虫《ようちゅう》のほうでは、えものの体を、死《し》んでしまわないところから順《じゅん》番《ばん》に、とてもじょうずに最後《さいご》まで食べていく。

これがすべて本能《ほんのう》のプログラムにあるというわけなんだよ。

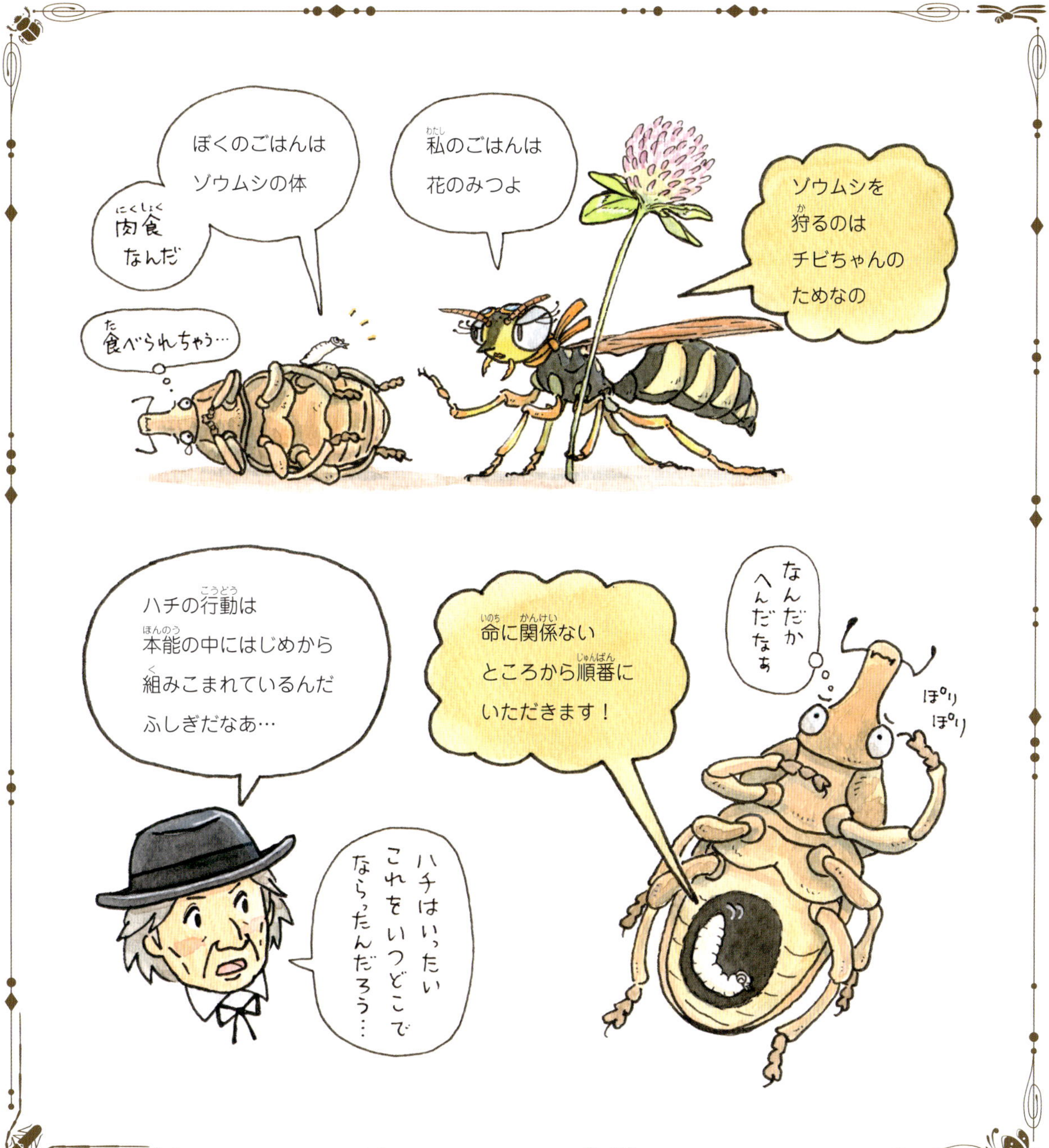
ぼくのごはんは ゾウムシの体
肉食《にくしょく》なんだ
食《た》べられちゃう…
私《わたし》のごはんは 花のみつよ
ゾウムシを 狩《か》るのは チビちゃんの ためなの
ハチの行動《こうどう》は 本能《ほんのう》の中にはじめから 組《く》みこまれているんだ ふしぎだなあ…
ハチはいったい これをいつどこで ならったんだろう…
命《いのち》に関係《かんけい》ない ところから順番《じゅんばん》に いただきます！
なんだか へんだなぁ
ぽりぽり

クモ①
昆虫《こんちゅう》とのちがい

チョウやトンボやカブトムシのような昆虫《こんちゅう》は大好《だいす》きでも、クモとなると「大っきらい！」という人が多いようだね。

「どうしてクモがきらいなの？」と聞かれても、本人にはわからない。あしの数が多いから、とか、動《うご》きがイヤ、とか言うけれど、きちんとは答えられないよね。

でも、まあ、頭からきらう前に、クモのことを少し観察《かんさつ》してみよう。

まず、体は頭と胸《むね》とがいっしょになった「頭胸部《とうきょうぶ》」と「腹部《ふくぶ》」の二つに分かれている。

昆虫《こんちゅう》の場合は「頭部」と「胸部《きょうぶ》」と「腹《ふく》部《ぶ》」の三つに分かれているよね。クモは昆虫《こんちゅう》と同じ節足動物《せっそくどうぶつ》の仲間《なかま》だけど、体のつくりはちょっとちがうんだ。

そしてクモのあしは8本、目は8個《こ》。こんなにたくさんの目で、この世界《せかい》をどんなふうに見ているのか、人間には想像《そうぞう》もできないね。

何よりの特徴《とくちょう》は、おしりから糸を出すことだ。

クモのおしりをくわしく見ると、先のところに3対《つい》、つまり6個《こ》の糸いぼというものがあるんだよ。その糸いぼのひとつひとつにまた、糸を出す管《くだ》が数百もあって、そこからとても細くて強い糸が出てくるんだ。その強さはどれぐらいかというと、同じ重《おも》さなら鉄《てつ》より強いというからおどろくよね。

クモは大きな丸いおなかを持《も》っているけど、その中に糸の原料《げんりょう》の粘液《ねんえき》がたっぷりつまっている。それが細い管《くだ》から出されて、外の空気にふれた瞬間《しゅんかん》、糸になる、というわけなんだよ。

クモはこの糸を、じつにじょうずに使《つか》って暮《く》らしているんだ。

クモの武器《ぶき》はねばる糸と、毒《どく》のきばだ。とはいっても、多くのクモの毒《どく》は虫には効《き》いても、人間にはどうってことはないよ。

最近《さいきん》では、日本にもセアカゴケグモなんていう外国から入ってきた毒《どく》グモがいるみたいだね。そういうのには気をつけないといけないけど、全世界《ぜんせかい》で何万種《なんまんしゅ》もいるクモの中で本当に危険《きけん》な毒グモはほんのわずかなんだ。

だから、むやみにこわがらなくてもいいんだよ。

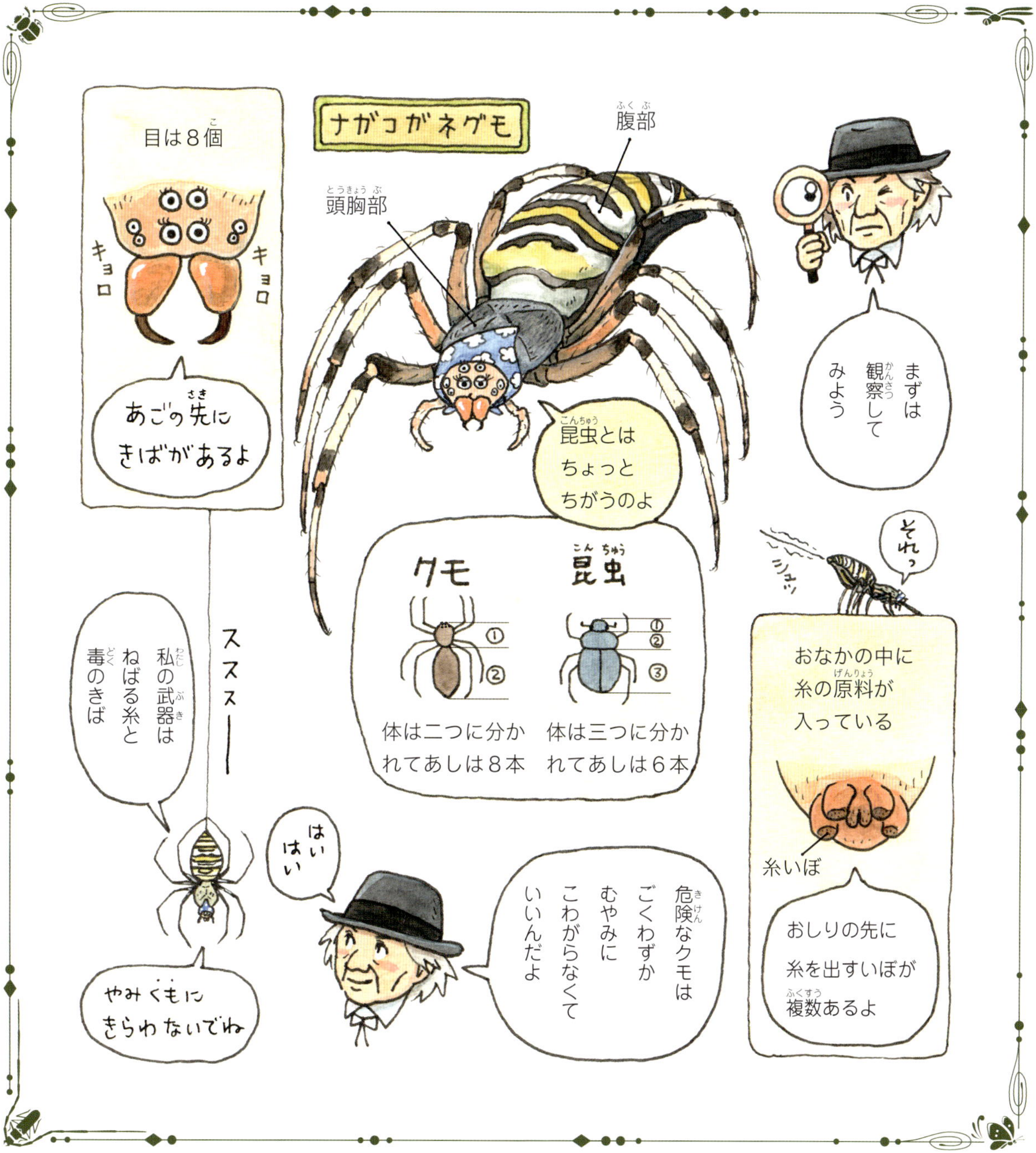
ナガコガネグモ
目は8個《こ》
キョロ
キョロ
あごの先《さき》にきばがあるよ
頭胸部《とうきょうぶ》
腹部《ふくぶ》
まずは観察《かんさつ》してみよう
昆虫《こんちゅう》とはちょっとちがうのよ
クモ
昆虫《こんちゅう》
①
②
体は二つに分かれてあしは8本
①
②
③
体は三つに分かれてあしは6本
それっ
シュッ
おなかの中に糸の原料《げんりょう》が入っている
糸いぼ
おしりの先に糸を出すいぼが複数《ふくすう》あるよ
私《わたし》の武器《ぶき》はねばる糸と毒《どく》のきば
スススー
やみくもにきらわないでね
はいはい
危険《きけん》なクモはごくわずかむやみにこわがらなくていいんだよ

クモ②

クモの網《あみ》

きみたちは、飛《と》んでいる虫をつかまえるとき、どんな道具《どうぐ》を使《つか》っている？

もちろん虫とり網《あみ》を使うよね。みんな、なにげなく使《つか》っているけど、これは人類初期《じんるいしょき》のすばらしい発明《はつめい》だよ。

はじめはもちろん、鳥をとったり、魚をすくったりするために作られたんだろう。それを改良《かいりょう》したのが虫とり網《あみ》だ。これがなかったら、トンボもチョウも手でぱっとつかむしかない。でもめったにうまくいかないし、羽がやぶれたりしてこわれてしまうよ。

網《あみ》には、網《あみ》の目があるから、うまく空気だけを逃《に》がして、さっと速くふることができるだろう。ためしにポリ袋《ぶくろ》で虫とり網《あみ》を作ってみてごらん。思いどおりにふれなくて苦労《くろう》するから。

虫の中で、こんな網《あみ》を自分で作ってえものをつかまえるものは？

もちろん、クモだ。

クモの巣《す》とか網《あみ》とか言われるものは、ふりまわす網《あみ》じゃなくて、待《ま》ちぶせの網《あみ》だね。クモは虫がよく飛《と》んでくる場所《ばしょ》にこの巣《す》を張《は》っておいて、虫がひっかかるのをずっと待《ま》っているわけだ。

昔《むかし》は小鳥をとるのに「かすみ網《あみ》」というのを使《つか》ったものだ。細い糸で作った目に見えにくい網《あみ》を、渡《わた》り鳥の通るところに張《は》っておいて、たくさんつかまえたんだ。今は禁止《きんし》されているけどね。

クモはずっと大昔から、人間のかすみ網《あみ》と同じような網《あみ》を使《つか》ってえものをつかまえてきたことになる。

じつはクモの中には、こうして網《あみ》を張《は》るものもいれば、張《は》らないものもいるんだ。網《あみ》を張《は》る代表的《だいひょうてき》なクモとしては、コガネグモやジョロウグモ、オニグモなんかがいる。そして、網《あみ》を張《は》らないのはハエトリグモやコモリグモ、カニグモだ。

ハエトリグモは、みんなの家の中にもいるんじゃないかな。えものを待《ま》ちぶせして、うまく近づき、パッととびかかってつかまえる。

網《あみ》を張《は》らないといっても、おしりから糸は出るよ。歩くときでもこの糸を出していて、木《こ》の葉《は》の上から落《お》ちたりすると、つーっと命《いのち》綱《づな》のように使《つか》って安全《あんぜん》にぶら下がることができるんだ。

クモの巣《す》は昔《むかし》鳥をとるのに使《つか》われた「かすみ網《あみ》」のようなもの

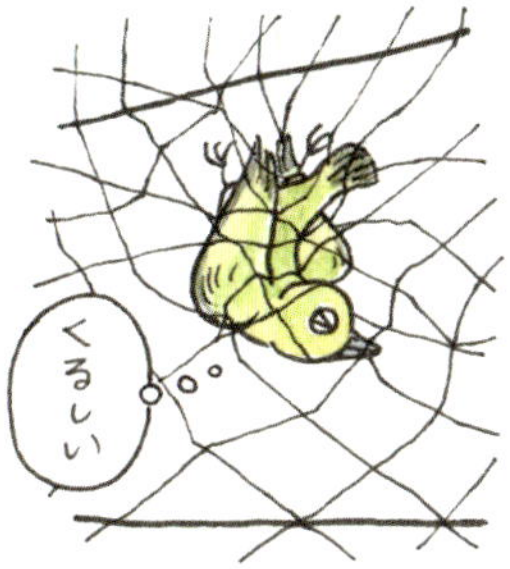

かすみ網《あみ》

ハエトリグモ
(網《あみ》を張《は》らない)

オニグモ
(網《あみ》を張《は》る)

クモ③ クモの食事《しょくじ》

チョウやトンボのように、自由《じゆう》に空が飛《と》べたらいいだろうなあ、と思ったことはないかな？　空想《くうそう》するのは楽しいけれど、実際《じっさい》にはおそろしいこともいっぱいあるんだよ。

まず第一にこわいのは鳥だ。せっかく楽しく飛《と》んでいるのに、大きな影《かげ》がせまってきて、くちばしでぱくりとくわえられたら大変《たいへん》だ。

そのほかにこわいものは？

それはクモの巣《す》だね。木の枝《えだ》と枝《えだ》の間なんかに、見えにくい細い糸の網《あみ》が張《は》りめぐらされていて、うっかりそこを通りぬけようとすると、ぺたりとくっつく。

「しまった！」と思っても、もうおそい。クモの糸はねばねばしているうえに、引っぱるとよくのびるんだ。

だから、えものの虫があしに力を入れて、1本ずつはがそうとしても、そうはいかないのさ。逃《に》げようとして、もがけばもがくほどくっついて、体にまとわりつくんだ。

しかも、大きなクモがどこからか、するすると姿《すがた》を現《あらわ》して、おしりから糸を出すと、自分の体をぐるぐる巻《ま》きにしてしまう。

考えるだけでもおそろしいだろう。

クモは、網《あみ》にかかったえものが身動《みうご》きできないようにすると、その体の一点をちょっとかむんだ。それからゆっくりと口をつける。まるで血《ち》を吸《す》っているように見えるけれど、じつはそうじゃない。

クモは消化液《しょうかえき》をえものの体に注入《ちゅうにゅう》するんだ。そしてその消化液《しょうかえき》のはたらきで、えものの体の中身《なかみ》をとかすと、それをゆっくり吸《す》う。これを体外消化《たいがいしょうか》といっている。

クモは肉食だから、こうやってえものをとらえないと生きていけないんだよ。肉食の虫はいろいろくふうしてえものをつかまえるから、その生態《せいたい》には、草食の虫とはまたちがったおもしろさがある。

ほ乳類《にゅうるい》でも、草を食べるカモシカやシマウマは、食べ物《もの》を見つけるのに苦労《くろう》しないけど、肉食のライオンなどは、姿《すがた》をかくしてしのびよったり、ダッシュしたり、逃《に》げる動物《どうぶつ》をつかまえるのに苦労《くろう》しているだろう。それと同じなんだ。

空を飛《と》ぶのは
なんて気持《きも》ちがいいんだ
ブン
しかし　危険《きけん》がいっぱい
やめてくれ！
鳥には出あいたくない…
まして　クモに出あったら…
いつも
仲間《なかま》の虫を
いじめて
いるよね
ちがう　ちがう
すべては研究《けんきゅう》の
ためなんだ
うごけない!!
ジタバタ
先生の体液《たいえき》も
吸《す》いとってやるよ！
パチリ
はっ
夢《ゆめ》でよかった

クモ④

コガネグモ対《たい》カマキリ

網《あみ》を用意《ようい》して、えものを待《ま》ちうけるクモは、えものがかかったあとのことでも、いろいろとくふうしているんだ。

えものが網《あみ》にかかったことを、クモは、糸の振動《しんどう》で知ることができる。

糸がふるえると、クモはえもののほうに近よってくるんだけど、えものの中にはハチのように危険《きけん》なものもいるよね。さされたらクモのほうが死《し》んでしまう。

だからクモはえものにおしりを向《む》け、まずは糸いぼの先でちょんとさわって糸をくっつける。それから前あしの先でえものをじょうずにくるくる回すんだね。そうやって糸でぐるぐる巻《ま》きにしてしまうんだよ。

でも、もっと危険《きけん》なえものが網《あみ》にかかったら、クモはどうすると思う？

私《わたし》はクモよりも数倍《すうばい》大きいウスバカマキリをとってきて、コガネグモの巣《す》にぽんとくっつけてみたんだ。

クモが出てくると、カマキリは2本のかまをふりあげて、「やるか！」というかまえをする。

クモのほうは、おしりの先で糸のはしをくっつけるどころではない。あぶなくてうっかり近よれないんだ。

するとクモは少しはなれたところからカマキリにおしりを向《む》けると、後ろあしを使《つか》って、白いシーツのようなものを引きだし、投《な》げかけた。これは1本1本の糸ではなくて、たくさんの糸をまとめて作った布《ぬの》のようなものなんだ。

さすがのカマキリも、このべったりくっつくシーツに包《つつ》まれて、だんだん身動《みうご》きがとれなくなってきた。もうかまもふり回せない。

「無念《むねん》、飛《と》び道具《どうぐ》とはひきょうなり！」というところ。

クモのほうでも、こんなに大量《たいりょう》に、おなかの中の糸の原料《げんりょう》を使《つか》ったのでは、おなかが空っぽになってしまう。

と思っていると、カマキリが少しおとなしくなったころ、クモはえものに近づいて、糸いぼの先をちょんとカマキリにくっつけ、くるくる回しはじめた。

あとはほかの虫のときと同じだ。つまり「クモの勝《か》ち」というわけ。

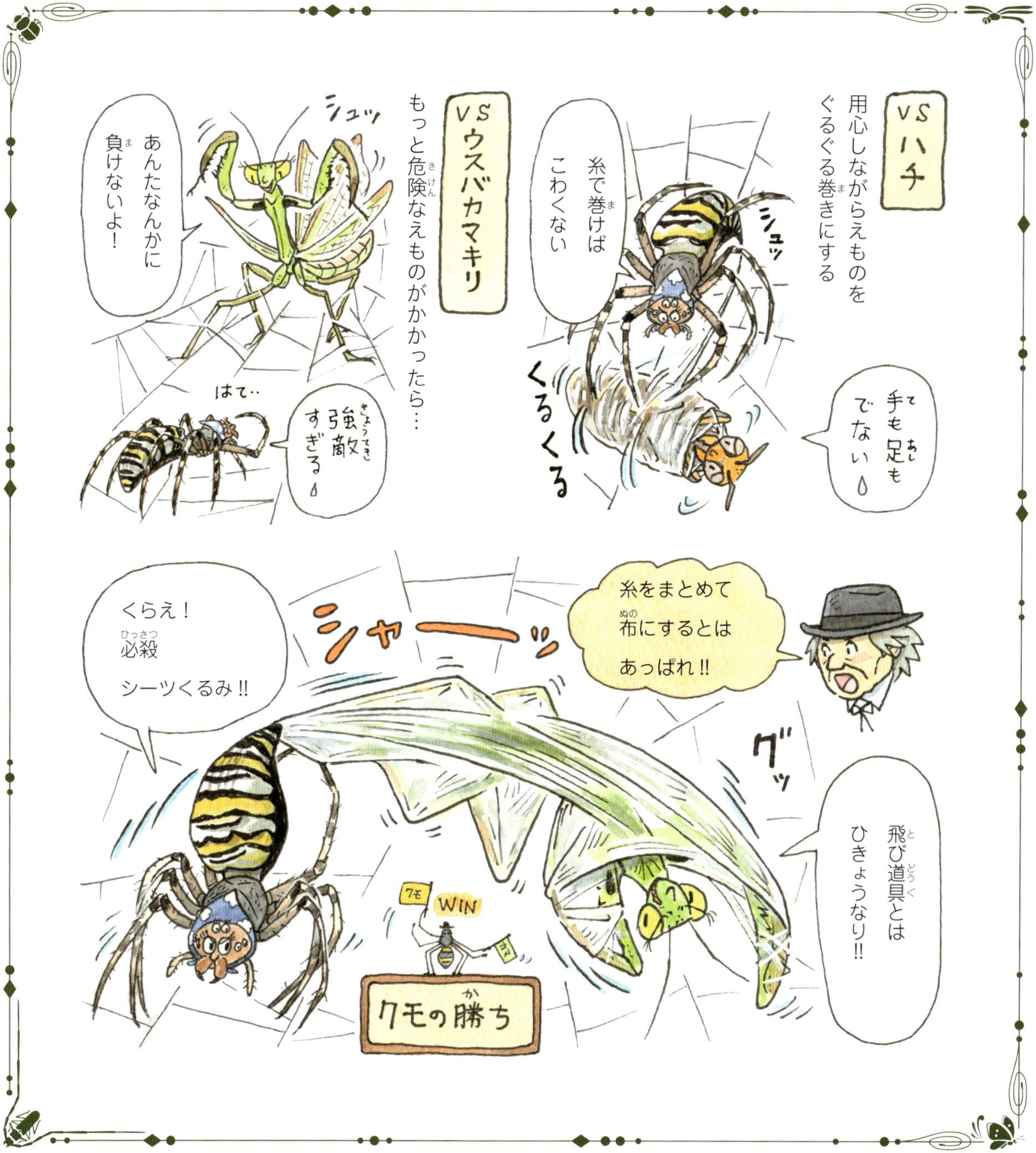

VSハチ
用心しながらえものをぐるぐる巻《ま》きにする
糸で巻《ま》けばこわくない
シュッ
くるくる
手《て》も足《あし》もでない
VSウスバカマキリ
もっと危険《きけん》なえものがかかったら…
シュッ
あんたなんかに負《ま》けないよ！
強敵《きょうてき》すぎる
はて‥
飛《と》び道具《どうぐ》とはひきょうなり!!
糸をまとめて布《ぬの》にするとはあっぱれ!!
グッ
シャーーッ
くらえ！
必殺《ひっさつ》
シーツくるみ!!
クモ
WIN
クモの勝《か》ち

クモ⑤　巣《す》の張《は》りかた

オニグモやコガネグモの網《あみ》は、本当によくできている。

中心から放射状《ほうしゃじょう》にぴんとのびているのがたて糸だ。そのたて糸に対して、うずまきをえがくように横糸《よこいと》が張《は》りめぐらされているというわけだ。

この網《あみ》を虫めがねでよく見てごらん。どんなことがわかるかな。

そう、たて糸はただの糸みたいだけど、横《よこ》糸《いと》はところどころ、ぽつりぽつりと水のしずくみたいな玉がついているよね。

枯《か》れ草の先で横糸《よこいと》にふれてみると、ほら、ぺたりとくっつくだろう。このしずくは粘液《ねんえき》なんだ。だから、飛《と》んできた虫がくっつくんだよ。

さて、こんなによくできた網《あみ》を、クモはどうやって張《は》るんだろう。とくに最初《さいしょ》の1本はどうするんだろうと思わないか？

糸を出しながら、木の枝《えだ》から枝《えだ》へぴょーんととびうつるとか？

そうじゃない。風を利用《りよう》するんだ。まずおしりの先から糸を出して、ふわりと風になびかせる（①）。すると糸のはしが、はなれた木の枝《えだ》などにぺたっとくっつく。それをたどってじょうぶな橋糸《はしいと》をかけるんだ（②）。

今度《こんど》はその橋糸《はしいと》を真《ま》ん中《なか》あたりから、体重《たいじゅう》を利用《りよう》して、糸を出しながらゆっくりおりていく。Y《ワイ》字形《じがた》に糸を張《は》ることができたね（③）。

さて、次はわく糸とたて糸だ（④）。

わく糸とたて糸が張《は》れたら、中心から足場糸をうずまき状《じょう》に張《は》る（⑤）。

そして最後《さいご》に横糸《よこいと》。

ねばらない足場糸やたて糸をつたって、外《そと》側《がわ》から中心に向《む》かって張《は》っていくよ（⑥）。

横糸《よこいと》を張《は》りながら、必要《ひつよう》がなくなった足場糸《いと》ははがしてしまう。このよくねばる横糸《よこいと》が、えものをとらえるのに役立《やくだ》つんだ。

さあ、できた。虫よ、飛《と》んでこい。つかまえてやるぞ！　とクモは網《あみ》の真《ま》ん中《なか》でさかさになって待《ま》っている。

ちなみに、クモが巣《す》を張《は》りかえるときには、この糸をむだにはしないよ。ちゃんと食べて、おなかの中でもう一度《いちど》新しい糸の材料《ざいりょう》にするんだ。

自然《しぜん》の中では、むだなことをしない者が勝《か》ち残《のこ》ることが多いようだね。

クモの巣《す》の張《は》りかた

こんなふうにつくるんだよ

①糸のはしを風になびかせる

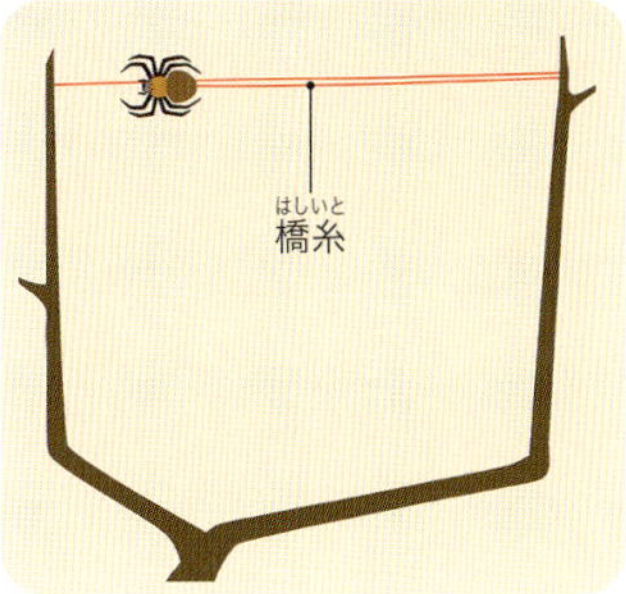

②くっついた糸をたどり橋糸《はしいと》をかける

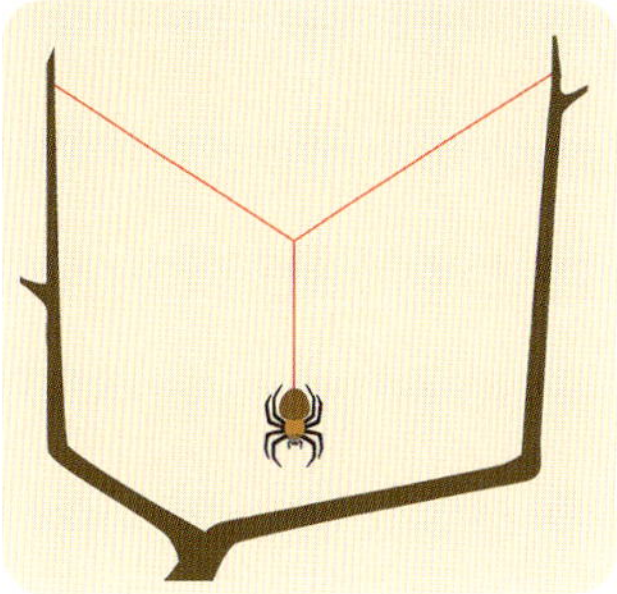

③真《ま》ん中《なか》からＹ《ワイ》字形《じがた》に糸を張《は》る

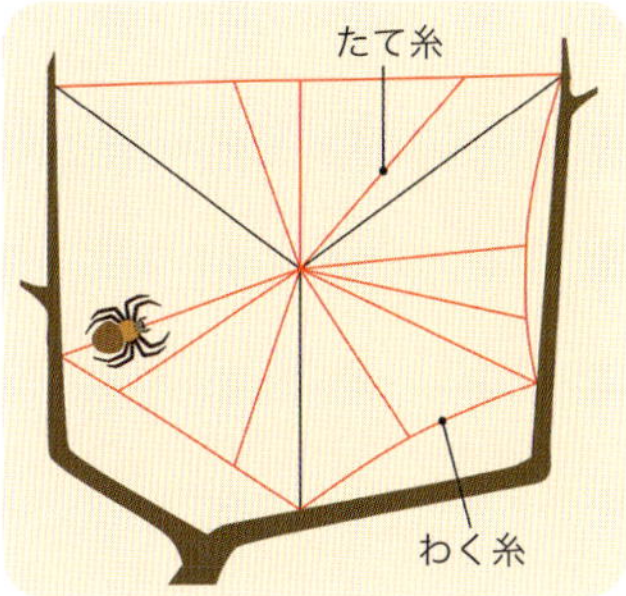

④わく糸とたて糸を張《は》っていく

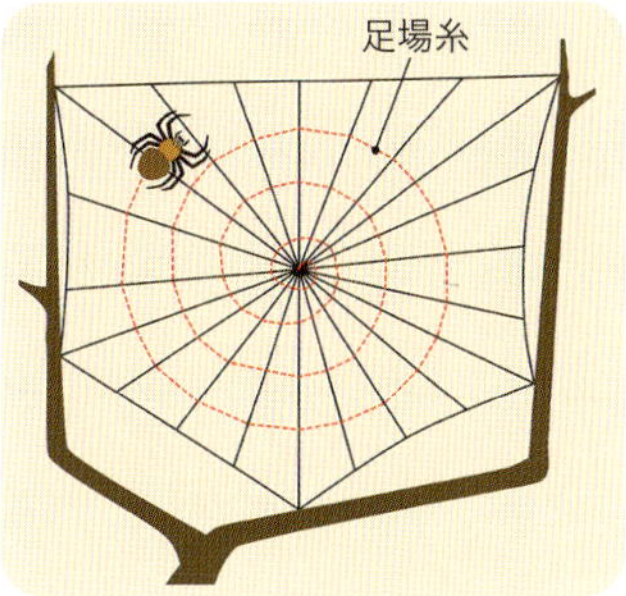

⑤足場糸をうずまき状《じょう》に張《は》る

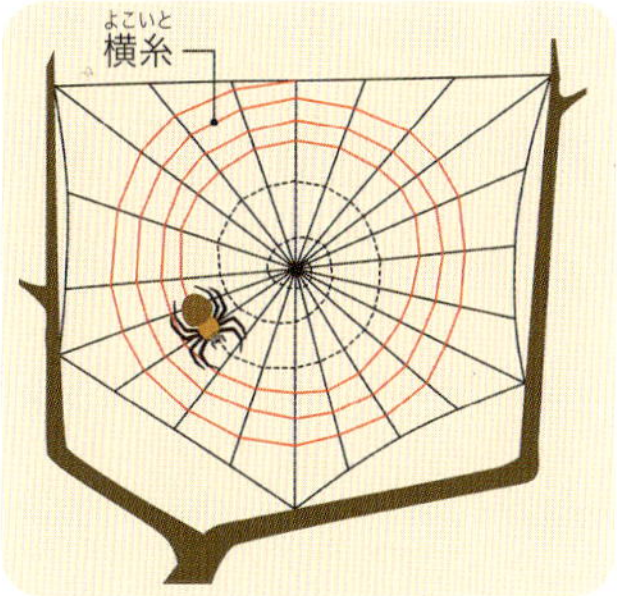

⑥今度《こんど》は逆方向《ぎゃくほうこう》に横糸《よこいと》を張《は》っていく
（不要《ふよう》になる足場糸は切っていく）

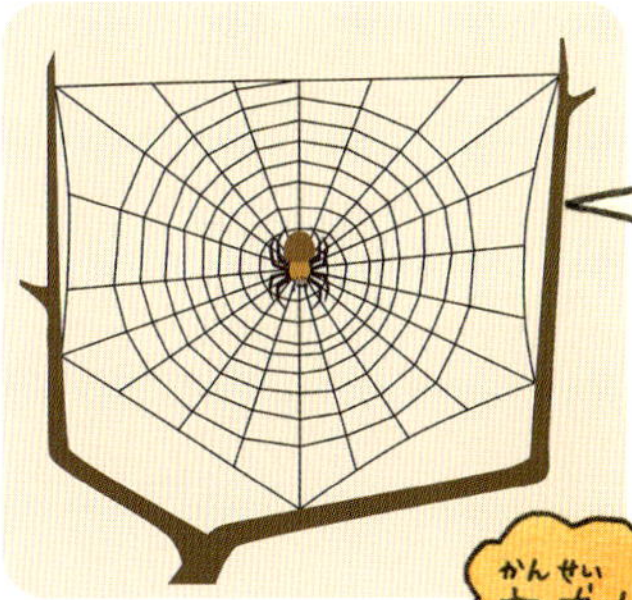

⑦ ①から⑦まで１時間ほどで 完成《かんせい》！

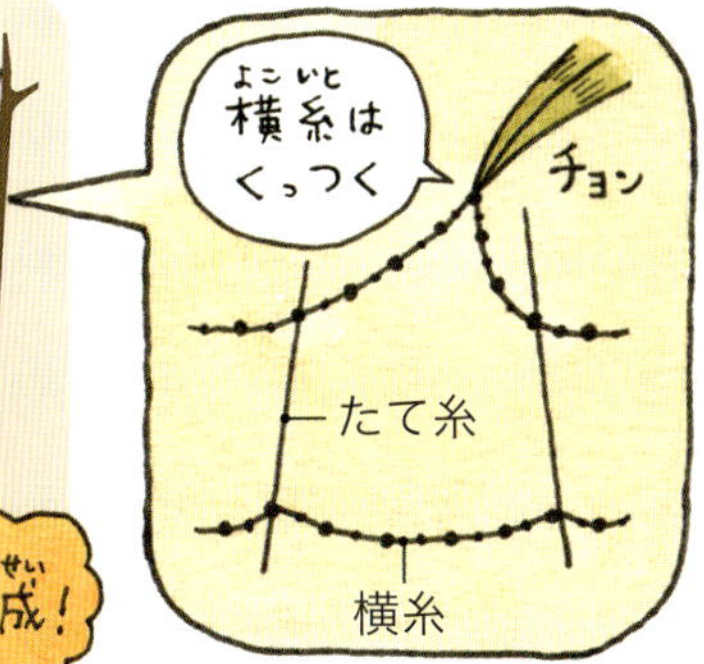

クモ⑥ 巣《す》を張《は》らないクモ

家の中にアシダカグモのように大きなクモが入ってくると「キャー」と言う人が多いだろうけど、ごく小さなクモだったらどうかな。部屋《へや》のかべなんかに小さなクモがいることがあるよね。スタスタと歩いたり、ぴょんととんだりするだろう。

これはハエトリグモといって、小さなハエなんかをつかまえて食べるんだ。生けがきや草むらにもいるよ。

顔を近づけると、前あしを上げて、「さあ、こい」というかっこうをするからおもしろいよ。おすどうしは、そうやってけんかをするんだ。

日本の地方によっては、このクモのおすをたたかわせる遊《あそ》びがあるそうだね。子どもたちばかりじゃなくて大人《おとな》も夢中《むちゅう》になるということだから、日本人の虫に対する好奇心《こうきしん》には私《わたし》も感心《かんしん》するよ。

このハエトリグモのなかまで、アリグモというのがいるのを知っているかな。

真《ま》っ黒《くろ》で、アリそっくりなんだ。でも、クモのあしは8本で、アリのあしは6本だろう？ 2本、クモのほうが多いじゃないか。

じつはあまった2本は、アリの触角《しょっかく》のまねをしているんだ。

街中《まちなか》の公園や庭《にわ》にもいるから、気をつけて見てごらん。アリだと思って見のがしていることがあると思うよ。

でも、このクモは何のためにアリのまねなんてしているんだろう。まず、アリってどんな虫か考えてみよう。

アリは数が多くて、どこにでもいて、弱って死《し》にそうな虫を見つけると、よってたかってやっつける。体をばらばらにして巣《す》に運《はこ》んでいくよね。

ほかの虫にとってはおそろしい敵《てき》ということになるだろう。しかも、いざとなると、ツーンとすっぱいにおいを出す。このにおいのもとをアリ（蟻）の酸《さん》、「蟻酸《ぎさん》」といっているんだ。

だからアリに姿《すがた》を似《に》せていると、敵《てき》におそわれにくいと考えられているね。

でも、アリグモもクモのなかまだから、高いところから落《お》ちると、おしりからつーっと糸を出すから区別《くべつ》がつくんだ。

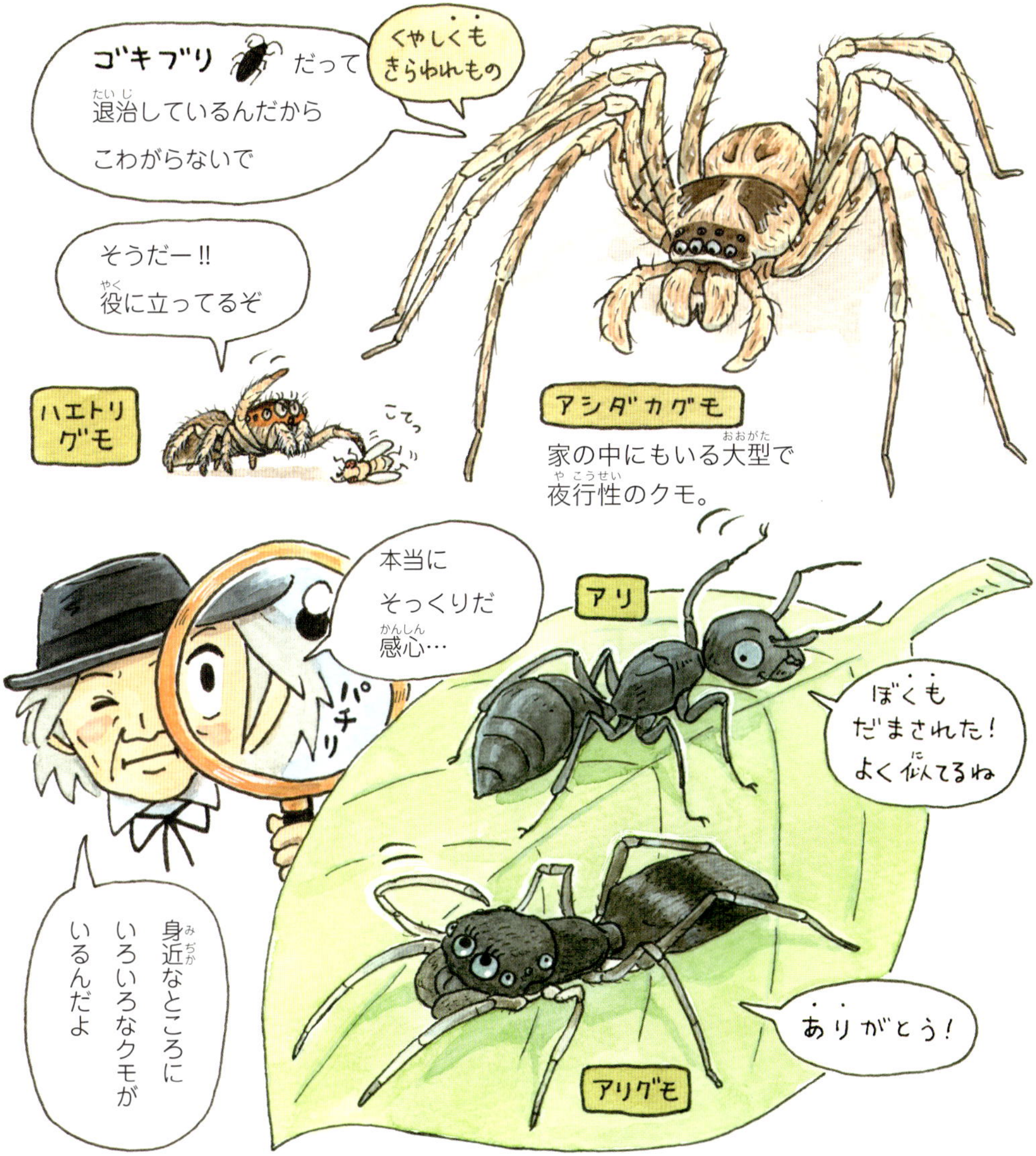
ゴキブリ だって
退治《たいじ》しているんだから
こわがらないで
くやしくも
きらわれもの
そうだー!!
役《やく》に立ってるぞ
ハエトリグモ
こてっ
アシダカグモ
家の中にもいる大型《おおがた》で
夜行性《やこうせい》のクモ。
本当に
そっくりだ
感心《かんしん》…
パチリ
アリ
ぼくも
だまされた!
よく似《に》てるね
身近《みぢか》なところに
いろいろなクモが
いるんだよ
ありがとう!
アリグモ

ヤママユ①　オオクジャクヤママユの夜

ある夜のこと、私《わたし》の家ですばらしい事件《じけん》が起《お》きたんだ。

——すばらしい事件《じけん》？　いや、じつはたくさんのガがうちの中に入ってきたんだよ。だから、人によっては「きゃーっ」て言うかもしれないけどね。ふ、ふ。でも、私《わたし》はこの夜のことが忘《わす》れられない。息子《むすこ》のポールにとってもね。

夜9時ごろのことだった。みんながもう寝《ね》ようとしているときに、となりの部屋《へや》にいるポールが大さわぎをしはじめたんだ。どたんばたん大きな音をたてて私《わたし》を呼《よ》んでいる。

「パパーッ、早く来て！　ガだよ、鳥みたいに大きなガ！　それもいっぱい！」

私《わたし》がかけつけてみると、ポールはパジャマをぬいではだかになり、ぱたぱたとパジャマでガをはたき落《お》としてつかまえようとしているんだ。

私《わたし》には何というガかすぐにわかった。ヨーロッパ最大《さいだい》のガ、オオクジャクヤママユだ。

これは日本のヤママユとはちがって、くり色とこげ茶色の地に、クジャクの羽のような瞳《ひとみ》に似《に》たもようが入っている。それもおすばかり。おすは触角《しょっかく》が大きいから、めすと区別《くべつ》がつくんだ。

「よし、ポール。パジャマを着《き》て、パパについておいで。いっしょに研究室《けんきゅうしつ》に来るんだ」

2人でろうそくを持《も》って研究室《けんきゅうしつ》まで行くと ちゅう、ガは家中《いえじゅう》あちこちにいた。

じつをいうと研究室《けんきゅうしつ》には、羽化《うか》したばかりのめすのオオクジャクヤママユが、金網《かなあみ》のかごに入れて置《お》いてあったんだ。

まあ、そのとき見た光景《こうけい》はすばらしいものだった。

めすを入れたかごのまわりを、たくさんのおすのガたちがコウモリのように飛《と》びまわっているじゃないか。ろうそくの火を消《け》そうとするように、はたはたと飛《と》びまわって、顔にまでぶつかってくる。みんな、窓《まど》から入ってきたんだ。

日ごろ、このガはめったに見つからないのに、こんなにたくさん、いったいどこから飛《と》んできたんだろう。きっと遠くから来たにちがいない。

それから1週間、私《わたし》はいろいろ実験《じっけん》をして、そのなぞを解《と》こうと決心《けっしん》したんだ。

ある月《つき》の出《で》ない
真《ま》っ暗《くら》やみの夜《よる》のこと
パパ　大きなガがたくさんやってきたよ
あれはオオクジャクヤママユだよ
なんてすばらしい光景《こうけい》なんだ…
よいしょ よいしょ

おすとめすのちがいは触角《しょっかく》の大きさですぐにわかる
まぁりっぱなしょっかく！
ステキ
おすのしょっかくはべっかくなんだ
♂オス
♀メス

ヤママユ② おすとめすの役割《やくわり》

ヤママユは、ずいぶん命《いのち》が短《みじか》い。おすはとくに、ひと晩《ばん》とじこめられただけで、すぐに弱ってしまうんだ。

それもそのはず、このガにはなんと、口がないんだよ。だから成虫《せいちゅう》のガになると食事《しょくじ》ができない。

ふつうのガやチョウは、ストローのようによくのびる口で花のみつを吸《す》ったりして栄養《えいよう》をとるよね。

でもこのヤママユやカイコは、成虫《せいちゅう》になるともう何も食べないわけだ。だって今言ったように口がないんだからね。

オオクジャクヤママユは、幼虫時代《ようちゅうじだい》にはウメやアーモンドの木《き》の葉《は》をもりもり大量《たいりょう》に食べて、たくわえておいたエネルギーで飛《と》び、めすを探《さが》して交尾《こうび》する。いわば使《つか》い切りの電《でん》池式《ちしき》なんだね。

だから成虫《せいちゅう》になったおすのガは、2、3日の間に、必死《ひっし》になってめすを探《さが》すことになる。おすの仕事《しごと》はそれだけだ。めすの仕事《しごと》も、交《こう》尾《び》して卵《たまご》を産《う》むことだけなんだ。そして両方《りょうほう》とも、幼虫時代《ようちゅうじだい》は食べるだけが仕事《しごと》というわけ。

たくさんのオオクジャクヤママユが私《わたし》の研《けん》究室《きゅうしつ》にやってきたのは、月の出ていない真《ま》っ暗《くら》やみの夜だった。ガたちは何をたよりに飛《と》んできたのか。私《わたし》はふしぎでならなかった。

その数は全部《ぜんぶ》で40ぴきにもなった。しかも、みんなおすばかり。その目的《もくてき》は、やはり、今《け》朝生《さ》まれためすのガに結婚《けっこん》を申《もう》しこむことだろう。

人間なら、目で見るか、耳で聞くか、鼻《はな》でにおいをかぐか、手でさわってみるかして、ものを探《さが》すよね。

こんな暗《くら》い夜に、しかも草木のしげった庭《にわ》に建《た》っている家の一室にかくしてあるめすのことを、遠くから目で見ることなんかとても無理《むり》。

とすると耳か。めすは人間に聞こえない、特別《とくべつ》な音を出しておすを呼《よ》んでいるのか。

それとも、においだろうか。

オオクジャクヤママユのおすとめすのはっきりしたちがいは、まずその触角《しょっかく》だね。

よし、とにかくこの触角《しょっかく》についていろいろ実験《じっけん》してみよう、と私《わたし》は考えたんだ。

オオクジャクヤママユ（オス）

ヨーロッパ最大《さいだい》のガ。羽はビロードの布地《ぬのじ》のようで、瞳《ひとみ》に似《に》たもようがある

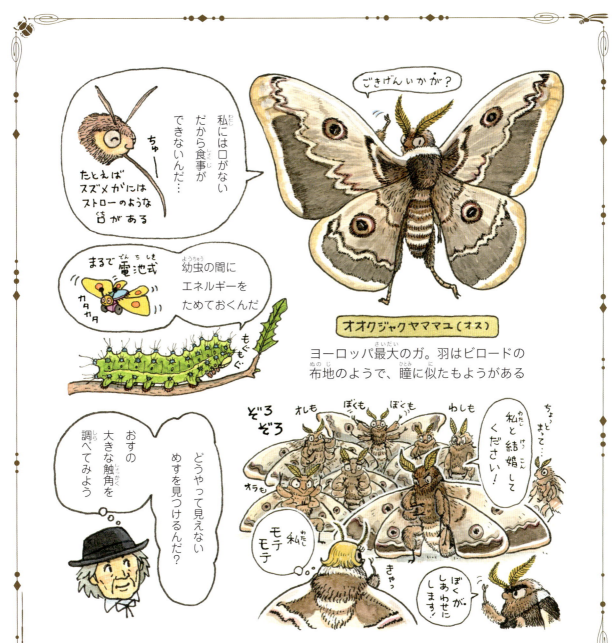

ヤママユ③
めす探《さが》しの手がかり

たくさんのガがやってきた次《つぎ》の日から、私《わたし》は触角《しょっかく》の実験《じっけん》を始《はじ》めた。

家の中に残《のこ》っていた8ぴきのおすの触角《しょっかく》を、はさみでちょきんと切ってやったんだ。べつに痛《いた》くもなさそうだった。

この8ぴきのガのうち、6ぴきは窓《まど》から飛《と》んでいった。2ひきはもう死《し》にそうだった。飛《と》んでいったおすたちは、今夜《こんや》またここに来るだろうか。

私《わたし》はめすを入れたかごを50メートルほどはなれた別《べつ》のところに移動《いどう》した。ガが目で見て場所《ばしょ》を覚《おぼ》えているといけないから、わざと迷《まよ》うよう、いじわるしたわけだ。

その夜、移動《いどう》しためすのかごのところには、25ひきのおすがやってきた。そのうち触角《しょっかく》のないおすは1ぴきだけ。

つまり、触角《しょっかく》を切られた6ぴきのうち、もどってきたのはたったの1ぴきという結果《けっか》になったんだ。やっぱり触角《しょっかく》がないと迷《まよ》ってしまうんだろうか。

次《つぎ》の日、前日の夜に来た新しい24ひきのおすのガの触角《しょっかく》を切りおとした。そしていつでも飛《と》んでいけるよう、部屋《へや》の窓《まど》は大きく開《あ》けはなしておいた。

もちろん、めすの入ったかごの場所《ばしょ》もまた変《か》えておいた。

触角《しょっかく》を切った24ひきのおすのうち、16ぴきだけが元気よく外に飛《と》んでいき、残《のこ》りのものは死《し》んでしまった。

その夜、また7ひきが来たけれど、みんな新しいおすだった。つまり、触角《しょっかく》を切られて元気よく飛《と》んでいったガは、1ぴきももどってこなかったんだ。

やっぱり触角《しょっかく》がないのは、重大《じゅうだい》なことらしい。しかし、これだけでは、おすの触角《しょっかく》の役割《やくわり》についてはっきりしたことはわからなかった。

かごの中のめすは9日目《ここのかめ》に死《し》んでしまった。その間に飛《と》んできたおすは全部《ぜんぶ》で150ぴきというすごい数になった。

いったいおすは何をたよりにめすを見つけ出しているんだろう。それは音か光かにおいか……それとも、もっと別《べつ》のものなんだろうか。

そこで私《わたし》は、もう少しいろいろな方法《ほうほう》で実験《じっけん》をつづけてみることにしたんだ。

オオクジャクヤママユの夜《よる》

研究室《けんきゅうしつ》で羽化《うか》したばかりのめすのところへ　40ぴき近くものおすが飛《と》んできた

おすは何を手がかりにしているんだろうかもしかしたら触角《しょっかく》に秘密《ひみつ》が？

次《つぎ》の日…

実験《じっけん》1日目

ちょっきん！

×8

8ぴきのおすの触角《しょっかく》を切る

その夜…

25ひきのおすが来た

触角《しょっかく》がないものは1ぴきだけ！

触角《しょっかく》がないと迷《まよ》うのかな？

実験《じっけん》2日目

ちょっきん！

×24

24ひきのおすの触角《しょっかく》を切る

その夜…

7ひきのおすが来た

全部触角《ぜんぶしょっかく》あり!!
触角《しょっかく》がないものは来なかった

触角《しょっかく》がないのは重大《じゅうだい》なことらしい

8日間《ようかかん》に飛《と》んできたおすは150ぴき！

私《わたし》に魅力《みりょく》がありすぎなんだわ‥

音・光・におい…何をたよりにおすはやってくるのか　もう少し実験《じっけん》してみよう！

でもこれだけでは触角《しょっかく》の役割《やくわり》はわからなかった…

ヤママユ④ においの実験《じっけん》

触角《しょっかく》の実験《じっけん》をしてから2年たって、私《わたし》はたくさんのオオクジャクヤママユのめすを育《そだ》てることができた。毎晩《まいばん》おすもたくさん飛《と》んできた。10ぴき、20ぴき、あるいはもっといっぱい。

かごの中のめすはじっとしている。かごの外ではおすたちが大さわぎ。

毎晩《まいばん》、かごを置《お》く場所《ばしょ》を変《か》えてみたけれど、おすにはめすのいるところが、やっぱりすぐにわかるらしい。音か光かにおいか。そのうちどれをたよりにおすはめすのところにたどりつくんだろう。

しかし、めすのにおいをかいでみても何もにおわないし、耳を近づけても何の音も聞こえない。人間の鼻《はな》や耳では何もわからないんだ。

でも、めすが人間にはわからない何かにおいのような物質《ぶっしつ》を発散《はっさん》させて、おすをひきつけているのだとしたら……、と私《わたし》は考えた。

「ひとつ、めすを箱《はこ》の中にとじこめてみよう」

それで、ブリキ、木、ボール紙、ガラスの箱《はこ》に入れ、とけた「ろう」をたらして密封《みっぷう》してみた。こうすれば空気ももれないから、何も外にもれないだろう。

こうやってしっかり閉《し》めきった箱《はこ》の中にめすを入れると、おすは1ぴきも飛《と》んでこない。

その反対《はんたい》に、少しでも空気のもれる箱《はこ》に入れておくと、その箱《はこ》をひきだしや道具箱《どうぐばこ》の中に入れておいても、おすはどんどん飛《と》んでくる。

ある夜などは、めすを洋服《ようふく》だんすの奥《おく》のほうにしまったぼうしの箱《はこ》に入れておいたんだけど、おすたちは扉《とびら》をたたくように洋服《ようふく》だんすにぶつかってきた。おすには扉《とびら》の向《む》こうにめすのいることが、はっきりとわかっているんだ。やはりめすは、人間にはわからない「何か」を発《はっ》しているようだ。

この年は、ここでめすが死《し》んでしまったので実験《じっけん》は終《お》わりになった。

次《つぎ》の年もまた実験《じっけん》すれば4年目だが、私《わたし》は、もう、オオクジャクヤママユを使《つか》うのはやめようと思った。夜活動《かつどう》するガは観察《かんさつ》するのが難《むずか》しいからね。

そこで、次《つぎ》は昼間に活動《かつどう》する別《べつ》のガで実験《じっけん》してみることにしたんだ。

音《おと》か光《ひかり》か…
どっちもちがう
やっぱりにおいかな
めすはいったい何でおすをひきつけているんだろう?
あつまってくれてどうもありがとー
きゃっ
だから私《わたし》の魅力《みりょく》だって言ってるでしょ
スター気取《きど》り
なんでやねん!
ろうをたらして封《ふう》をする
ブリキ
ボール紙《がみ》
木《き》
ガラス
密封《みっぷう》した箱《はこ》におすは来なかった
しかし少しでも空気がもれると…
おすはどんどん飛《と》んでくる
ここにいるぞ
めすがいるぞ
いるぞ
ここだ
次《つぎ》は別《べつ》のガで実験《じっけん》するぞ…
ふしぎだ
めすは人間にはわからない「何か」を発《はっ》しておすをひきつけているんだ

ヤママユ⑤ ヒメクジャクヤママユ

「やっぱり昼間飛《と》ぶガの仲間《なかま》のほうが研究《けんきゅう》がやりやすいんだがなあ……」

そう考えているとき、偶然《ぐうぜん》ヒメクジャクヤママユというガの、白くてきれいなまゆが手に入った。

「めすのガが出てくれるといいんだが……」

とまた考えていると、期待《きたい》どおり、まゆからめすが出てきたんだ。

「しめた、きっとおすが飛《と》んでくるぞ」

それで私《わたし》は息子《むすこ》のポールに、あらかじめ言っておいた。

「あのオオクジャクヤママユのときみたいに、このガのおすたちがたくさんやってくるから」

それから1週間。めすはじっと動《うご》かない。私《わたし》もちょっと心配《しんぱい》になってきた。

お昼の12時に、みんなでお昼ごはんを食べようと食卓《しょくたく》についたときだった。真《ま》っ赤《か》な顔をして、ポールがおくれて入ってきた。手にはヒメクジャクヤママユを持《も》っているじゃないか。

ポールの目はこう言っている。

「これでしょ、パパ！」

私は言った。

「それだ！ そのガを待《ま》ってたんだ！ さあ、ナプキンを置《お》くんだ。研究室《けんきゅうしつ》に行こう。食事《しょくじ》はあとまわしだ」

家族《かぞく》みんなで研究室《けんきゅうしつ》に来てみると、オレンジがかった黄色の美《うつく》しいガが何びきも何びきも、ひらひら、ひらひら窓《まど》から部屋《へや》に入ってくるところだった。

この1週間ほど、南フランス特有《とくゆう》の北西風、ミストラルがふきあれていたんだが、おすのガたちは、北からやってきている。

どうやら、この北西風にのって飛《と》んできたらしい。

それで私《わたし》は困《こま》ってしまった。もしおすたちが、めすの出している「知らせの発散物《はっさんぶつ》」、あるいはにおいをかぎつけて飛《と》んできたとしたら、風下《かざしも》から来るはずだよね。風上《かざかみ》の北西から飛《と》んでくるのはおかしいじゃないか。

風にさからってとどく「におい」なんて、あるのかなあ。

やはり、まだまだ実験《じっけん》をつづけてみないことには、本当のことはわからない。

ヒメクジャクヤママユ　オオクジャクヤママユよりもずっと小型《こがた》で、昼間に活動《かつどう》するガ

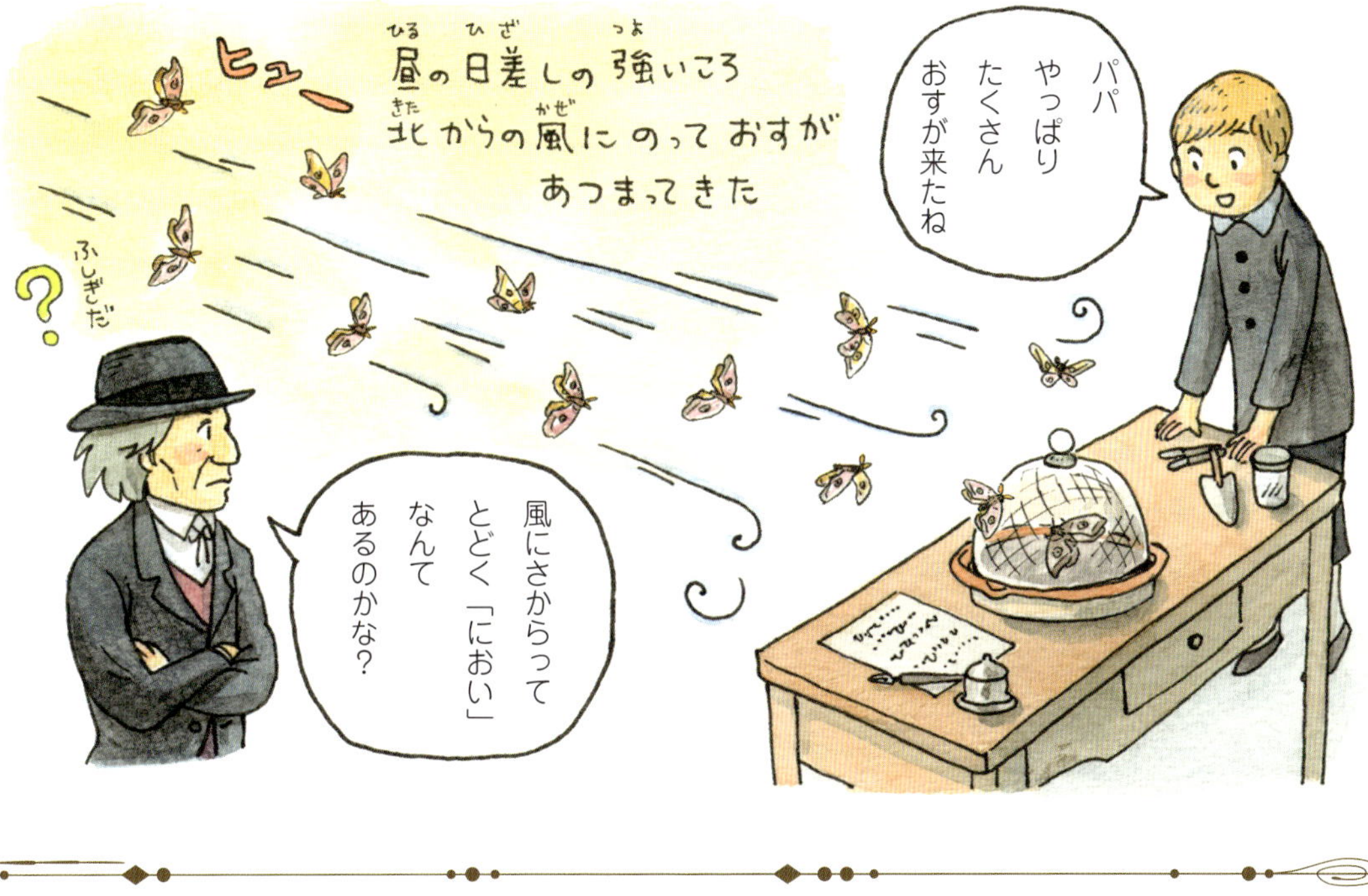

カレハガ①

強いにおいの実験《じっけん》

ガのおすたちは、めすのところに飛《と》んでくるのに、何を手がかりにしているのか。

　オオクジャクヤママユが家の中にたくさん飛《と》んできたときから、私《わたし》はその問題《もんだい》を、何年もずーっと考えつづけていた。

　ある日、また別《べつ》のガが手に入った。今度《こんど》は中くらいの大きさで、枯《か》れ葉《は》そっくりのチャオビカレハだ。

　近所《きんじょ》の農家《のうか》の子が「あのー、先生、これいりませんか」と言って、まゆを持《も》ってきてくれたんだ。しかも、うまい具合《ぐあい》にめすのガがまゆから出てきた。

「しめた。これで新しい実験《じっけん》ができる」

　そう思った私《わたし》はめすをかごの中に入れてとっておいた。

　そして3日目《みっかめ》。午後の3時ごろに、おすのガたちがいっぱい飛《と》んできた。予想《よそう》したとおりだった。

　その数は全部《ぜんぶ》で60ぴきにもなったよ。おすたちは3時間以上《いじょう》も、めすのかごのまわりを飛《と》んだり、かごにとまったりしていたけれど、夕方になると、どこかに行ってしまうんだ。

　そこで私《わたし》は、オオクジャクヤママユのときと同じ実験《じっけん》をくりかえしてみた。

　すると、めすのかごをどこにかくしても、おすたちはちゃんとそこにやってきた。だけど、入れ物《もの》がぴったり閉《し》まっているとおすは来ない。少しでもすきまがあるとおすは来る。

　やっぱりめすが、何かにおいのような「知らせの発散物《はっさんぶつ》」を出しているのか。

　そこで今度《こんど》は、ありとあらゆる強いにおいのものをめすのかごのそばに置《お》いて、めすの出すにおいをうち消《け》そうとしてみた。

　まず、びんを12個《こ》、めすのかごのまわりにずらりとならべたんだ。そしてその中に、ナフタリンや香水《こうすい》や石油《せきゆ》や硫黄《いおう》みたいな、ぷんぷん強いにおいのする薬品《やくひん》や、そのほかいろいろなものを入れてやったんだ。

　部屋《へや》の中はもう、鼻《はな》が曲《ま》がりそう。念《ねん》のため、めすのかごに厚《あつ》い布《ぬの》をかぶせて姿《すがた》が見えないようにした。

　それでもおすたちは飛《と》んできたよ。やっぱりおすが手がかりにしているのは、においではなかったのか——。

　それに、人間がいくらかいでみても、めすのにおいなんてしないしねえ。

チャオビカレハ（茶帯枯葉）

羽をたたむと枯《か》れ葉《は》のように見える

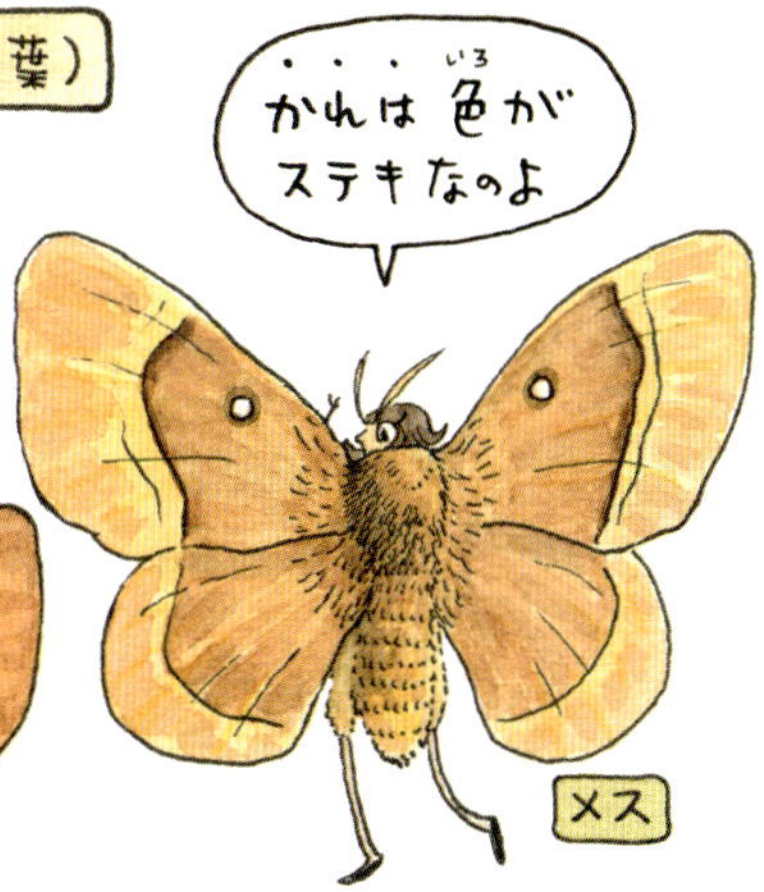

昼間に活動《かつどう》するガ。めすはあまり動《うご》かず、夜に産卵《さんらん》する

強いにおいのするものをたくさんめすのかごのまわりに置《お》いてみた

カレハガ②

おすをひきつける物質《ぶっしつ》

おすはめすのにおいをたよりに飛《と》んでくるわけではないのか……。そんなふうに思いはじめていたとき、ぐうぜんのできごとがヒントになった。

私《わたし》は木の枝《えだ》にめすをとまらせ、ガラスケースの中に入れてみたんだ。そして、それを窓《まど》のすぐ前に置《お》いた。

おすたちがめすの姿《すがた》を探《さが》しているのなら、すぐに見つけられるはずだ。ほら、めすの姿《すがた》はすぐ目の前に見えている。

ところが窓《まど》から入ってきたおすたちはどれもこれも、ガラスケースの上を通りこしてしまうんだよ。めすがその中にいるのに。

そしておすたちは暗《くら》い部屋《へや》のすみのほうに飛《と》んでいく。

そこには何があったか――。前の晩《ばん》からついさっきまで、めすのガが入っていた金網《かなあみ》のかごがあったんだ。

おすたちは空っぽのかごのまわりをばたばた飛《と》んでめすを探《さが》している。目で見て探《さが》しているのなら、こんなばかなことはしないだろう。

「……やっぱり、めすのにおいだ！　あの発《はっ》散物《さんぶつ》を手がかりにしているんだ！」

やっとわかった。

次《つぎ》にはめすをガラスケースに入れ、木の小《こ》枝《えだ》にとまらせてめすの発散物《はっさんぶつ》がしみつくようにした。

それから小枝《こえだ》だけを取《と》りだして窓《まど》の近くのいすの上に置《お》いてやった。

めすそのものはケースに入れたまま、机《つくえ》の上のよく見えるところに置《お》く。

窓《まど》から入ってきたおすたちはちょっと迷《まよ》ってから、木の小枝《こえだ》のほうに行き、羽をふるわせながら枝《えだ》を調《しら》べている。

私《わたし》は布《ぬの》でめすをしばらく包《つつ》んでから布《ぬの》だけを置《お》いてみた。おすはやっぱりその布《ぬの》にひきつけられる。おすはめすの発散物《はっさんぶつ》にひきつけられていることがこれではっきりした。

今ではこの発散物《はっさんぶつ》を「フェロモン」と呼《よ》んでいるね。じつは、おすのガたちはけっこうでたらめにまわりを飛《と》びまわっていて、たまたまめすの近くまで来たとき、フェロモンをかぎつけて、最終的《さいしゅうてき》にめすの居場所《いばしょ》をつきとめる、というわけだ。

おすは目の前のめすをす通りしていった
いったいどういうことなんだ？
あれ？
スー
どこ
どこ
めすはどこだ？
どこだ
スルーしないで
めすが入ったガラスケース
もともとめすが入っていた空のかご
めすがとまっていた小枝《こえだ》におすが集《あつ》まってきた
ヒラヒラ
めすはどこだ？
どこ
どこ
どこだ
ちゃんと見《み》てわたしはここよ！
プンプン
おすは目で見てめすを探《さが》しているわけではないんだ やっぱり「めすの発散物《はっさんぶつ》」をかぎつけているんだ！
とうぜん！
昆虫《こんちゅう》ってすごい！
今ではこれを「フェロモン」と呼《よ》んでいるよ！

ファーブル先生の
写《しゃ》真《しん》帳《ちょう》②
アルマスの研究室《けんきゅうしつ》など

晩年《ばんねん》のファーブル

ファーブルの研究室《けんきゅうしつ》には、標本《ひょうほん》や実験道具《じっけんどうぐ》のほかに、愛用《あいよう》の小さな机《つくえ》があります。ファーブルは、晩年《ばんねん》までこの机《つくえ》で執筆《しっぴつ》をつづけ、『昆虫記《こんちゅうき》』を書きあげたのです。

Jean-Henri Casimir FABRE
ジャン＝アンリ・カジミール・ファーブル

1823 - 1915

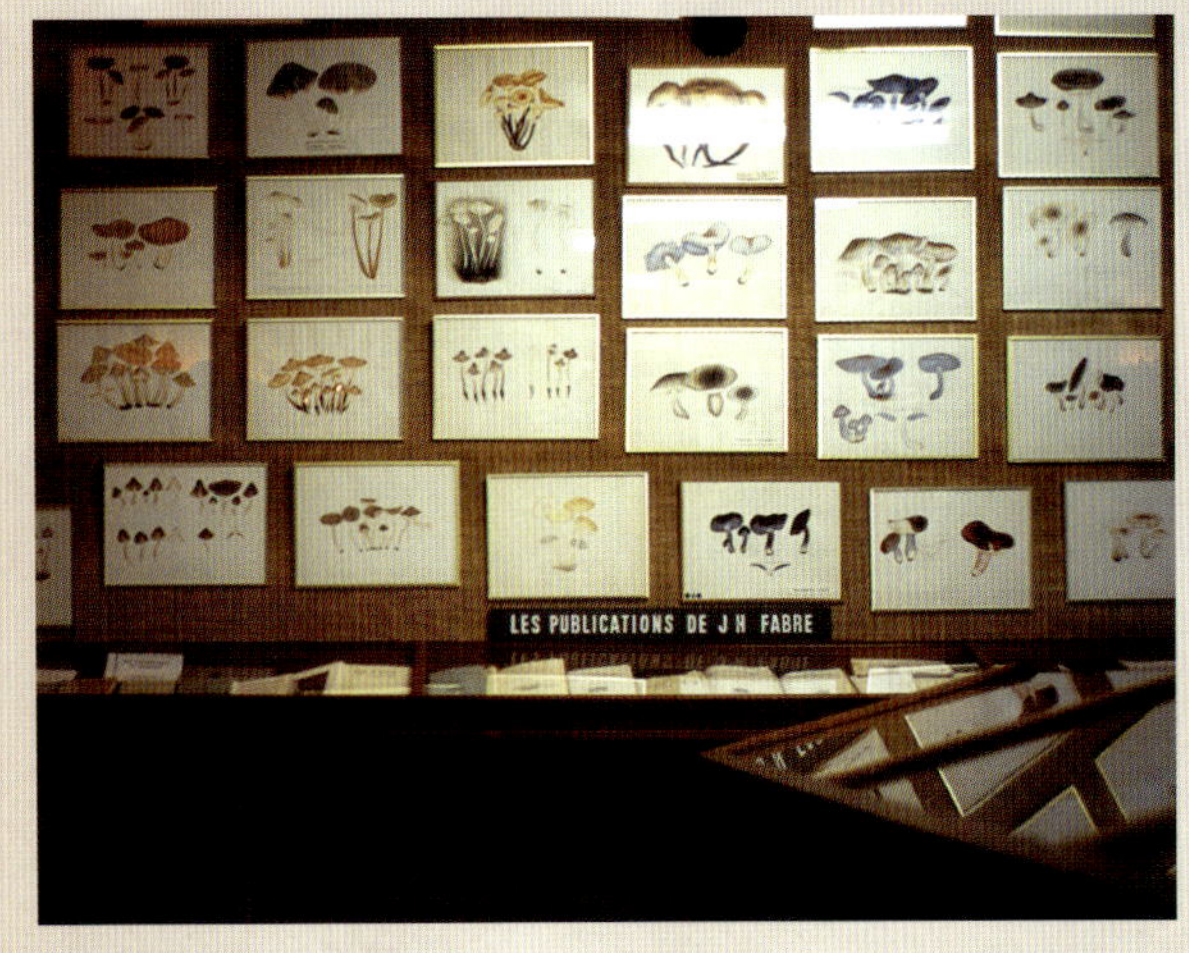

ファーブルがかいたキノコの絵

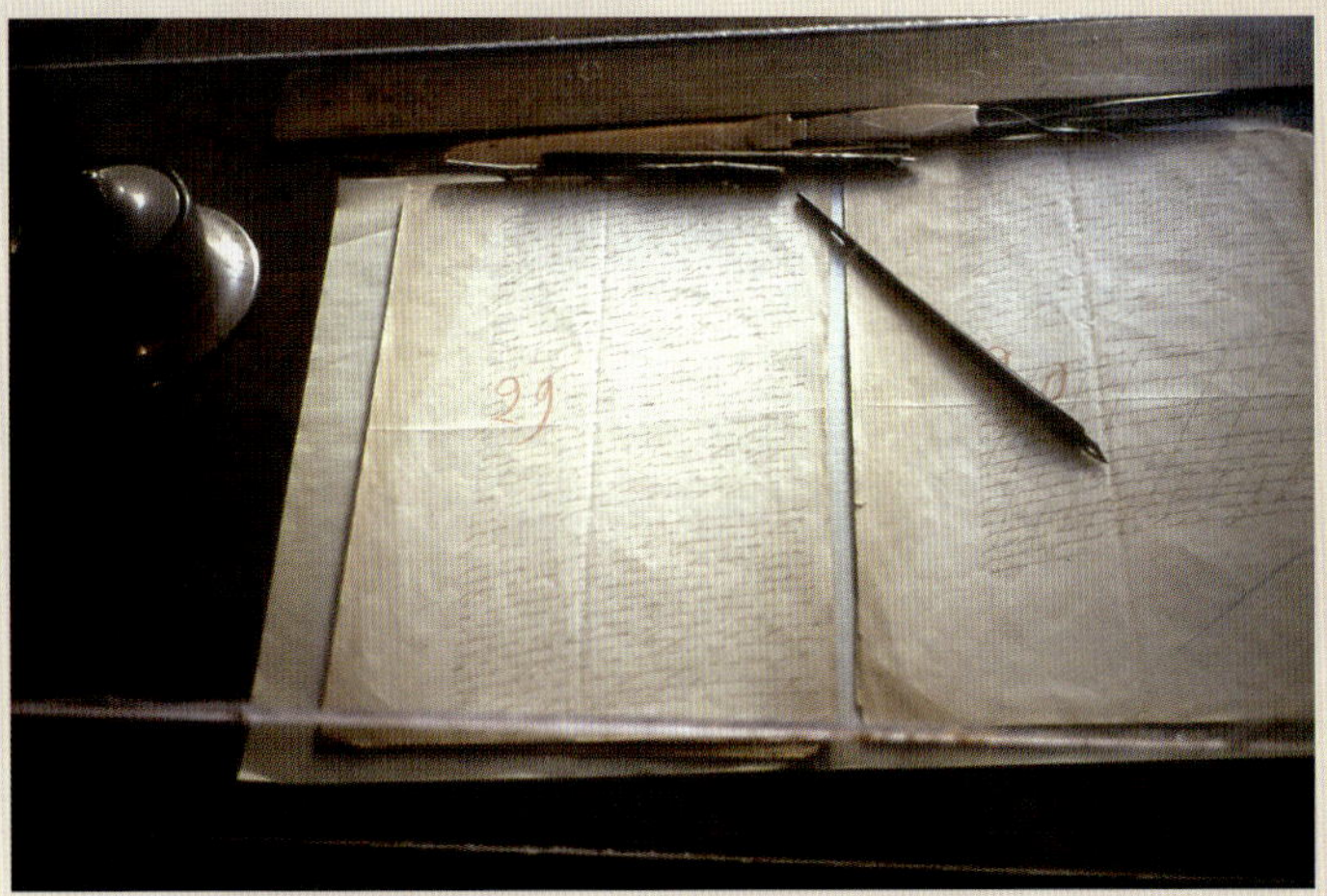

『昆虫記《こんちゅうき》』の原稿《げんこう》

机《つくえ》の上に
ならべられた標本《ひょうほん》

ファーブルの机《つくえ》

オオクジャクヤママユの
飼育装置《しいくそうち》

暖炉《だんろ》（写真《しゃしん》左）と　標本棚《ひょうほんだな》（写真《しゃしん》右）

実験《じっけん》に使《つか》った道具《どうぐ》など

ファーブル先生の
標《ひょう》本《ほん》箱《ばこ》②
ヤママユ・カレハガなど

オオクジャクヤママユ（おす）
➡p.72　ヤママユ

オオクジャクヤママユ（おす）の触角《しょっかく》
羽のように大きな触角《しょっかく》をもつ。

オオクジャクヤママユ（めす）の触角《しょっかく》

ヒメクジャクヤママユ（おす）
➡p.80　ヤママユ

ヒメクジャクヤママユ（めす）
➡p.80　ヤママユ

オオクジャクヤママユのさなぎ

オオクジャクヤママユのまゆ

オオクジャクヤママユ（めす）

➡ p.72　ヤママユ

チャオビカレハ（おす）

➡ p.82　カレハガ

チャオビカレハ（めす）

➡ p.82　カレハガ

マメゾウムシ①

マメを食べる甲虫《こうちゅう》

マメゾウムシという甲虫《こうちゅう》を紹介《しょうかい》しよう。

マメゾウムシの仲間《なかま》は全世界《ぜんせかい》に１４００種《しゅ》類《るい》もいる。そのうち畑《はたけ》や倉庫《そうこ》に入りこんで、人間用のマメを食べてしまうのが20種類《しゅるい》ぐらいいるんだよ。

人がせっかく食べようと思っているものをその前に食べてしまう虫は、害虫《がいちゅう》と呼《よ》ばれている。人間に都合《つごう》が悪《わる》いから害虫《がいちゅう》なんだ。

さて、マメゾウムシの研究《けんきゅう》のために、私《わたし》は「アルマス」の研究所《けんきゅうじょ》（１３２ページ参照《さんしょう》）の庭《にわ》にエンドウマメをまいておいた。

５月の中ごろ、エンドウマメの花がさくと、エンドウゾウムシたちが飛《と》んできた。冬の間は木の皮《かわ》の下にでもかくれて過《す》ごしていたんだろうか。ここにエンドウマメの花がさいていることをどうやってかぎつけるんだろうね。

エンドウマメの花の上をエンドウゾウムシは歩きまわって、花粉《かふん》を食べたり交尾《こうび》したりしていた。やがて５月の終《お》わりになって、マメのさやができると、めすは、その上に卵《たまご》を産《う》みはじめた。おしりの先から産卵管《さんらんかん》を出してマメのさやをさすように、ちょんと産《う》みつけるんだ。

産《う》みつけられてから10日ほどして、卵《たまご》から小さな幼虫《ようちゅう》がかえり、マメのさやの中にもぐりこんでいく。

さやの中のマメの数より、小さな幼虫《ようちゅう》たちの数のほうがずっと多いんだよ。

そのうちに幼虫《ようちゅう》はさやのマメの中にたどりつき、穴《あな》をあけてマメつぶの中に入っていく。うす緑色《みどりいろ》のマメの表面《ひょうめん》に、幼虫《ようちゅう》の入りこんだあとが、そこだけ茶色くぽつんと残《のこ》っているからすぐわかる。

ところで幼虫《ようちゅう》が入りこんでいるマメを調《しら》べてみると、マメの上半分だけが食べられているんだ。

マメの下のほうにはおへそのように少しふくらんだところがあって、そこはマメが育《そだ》つために大切な部分《ぶぶん》なんだけど、幼虫《ようちゅう》は、そこは傷《きず》つけないように注意《ちゅうい》しているみたいだね。そこを食べるとマメが死《し》んでしまうことを幼虫《ようちゅう》は知っているんだろうか。

だから、エンドウゾウムシに食べられてほとんど空っぽになったマメでも、畑《はたけ》にまくとちゃんと芽《め》を出すんだよ。

エンドウゾウムシ

世界中《せかいじゅう》にいるエンドウマメの害虫《がいちゅう》。カミキリムシやハムシの仲間《なかま》に近い

マメゾウムシ②

1つぶのマメに1ぴき

エンドウゾウムシの幼虫《ようちゅう》はエンドウマメの中に入りこんで、マメの子葉《しよう》という部分《ぶぶん》を食べて大きくなる。この部分《ぶぶん》は、マメの芽《め》がのびて大きくなるときの栄養分《えいようぶん》になるところだから、マメゾウムシの幼虫《ようちゅう》にとってもおいしいんだろうね。

ところで、めすのゾウムシが産《う》みつける卵《たまご》の数が、さやの中のマメの数より多い、と言ったけど、実際《じっさい》にマメの中に食い入る幼虫《ようちゅう》の数も1つぶに5、6ぴきか、それ以上もいるんだよ。

私《わたし》は5月の末《すえ》から6月ごろ、まだ十分に熟《じゅく》していない、やわらかいエンドウマメをとって調《しら》べてみた。

マメの皮《かわ》をむいて、その中の子葉《しよう》を切りとり、細かく切ってみると、中からごく小さい幼虫《ようちゅう》たちが何びきも出てきた。

幼虫《ようちゅう》たちは小さいけれど、マメを食べてよく太っているんだ。だけどちょっと心配《しんぱい》なことがある。

というのは、成虫《せいちゅう》になって出てくるのは、マメ1つぶから、1ぴきと決《き》まっているんだよ。

1つぶのマメの中にこんなにたくさん幼虫《ようちゅう》がいて、成虫《せいちゅう》になるのが1ぴきだったら、あとの幼虫《ようちゅう》たちはどうなるんだろう。

私《わたし》は畑《はたけ》のマメを毎日1個《こ》、見本としてとり、切ってみることにした。

はじめのうち、とくに変《か》わったことはなかった。小さな幼虫《ようちゅう》たちは、それぞれ自分の穴《あな》の中でまわりのかべを食べていた。

ところが、マメの中心にいた1ぴきが急《きゅう》に、ほかの幼虫《ようちゅう》たちより大きくなりはじめたんだ。すると、それとほとんど同時に、ほかの幼虫《ようちゅう》たちは、ぴたっと食べることをやめてしまったんだよ。

そうして「競争《きょうそう》に負《ま》けちゃった……」とでも言うように、そのまま動《うご》かなくなり、そのうちに姿《すがた》も消《き》えてしまった。

一方、そのあとに残《のこ》った真《ま》ん中《なか》の1ぴきはどんどん食べて大きくなるんだ。

マメゾウムシのきょうだいたちは競争《きょうそう》でマメの真《ま》ん中《なか》まで食べ進《すす》むんだろうか。そしてだれかが中心部《ちゅうしんぶ》のゴールにたどりつくと、ほかの連中《れんちゅう》はあきらめて、あっさり死《し》んでしまうのだろうか……。

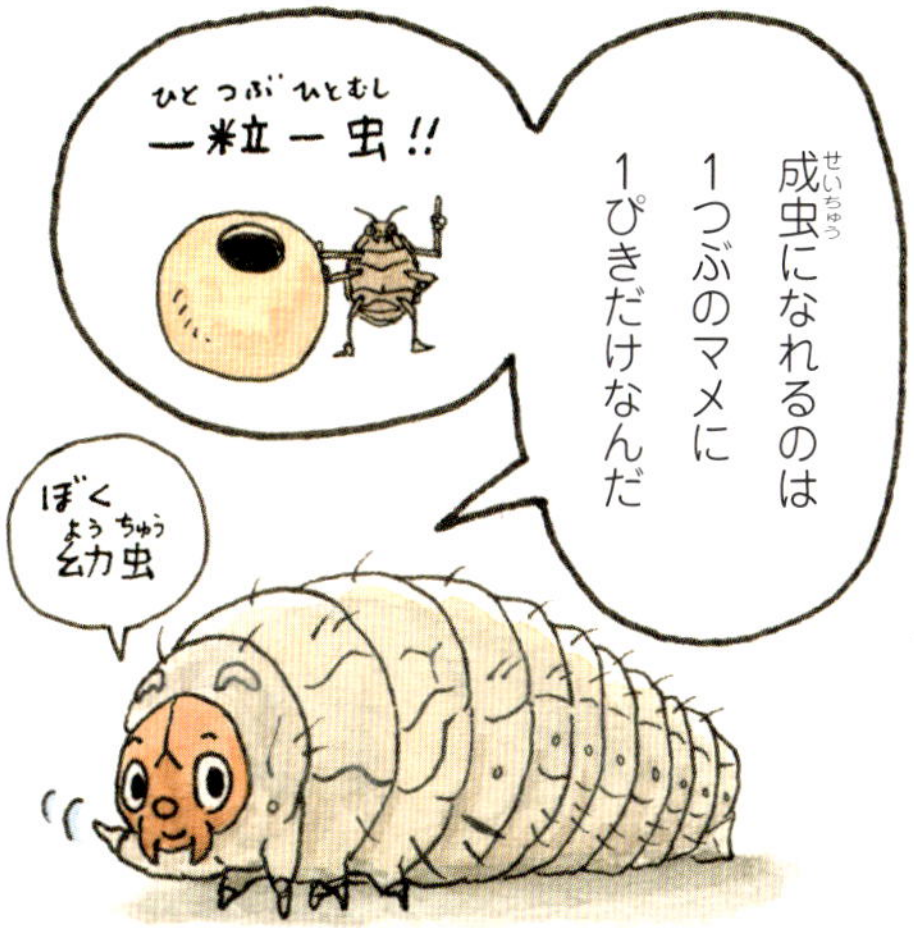

でも　マメの中に食い入る幼虫《ようちゅう》は1つぶに5、6ぴき

1ぴきが急《きゅう》に大きくなりはじめるとほかの幼虫《ようちゅう》は食べるのをやめてしまった

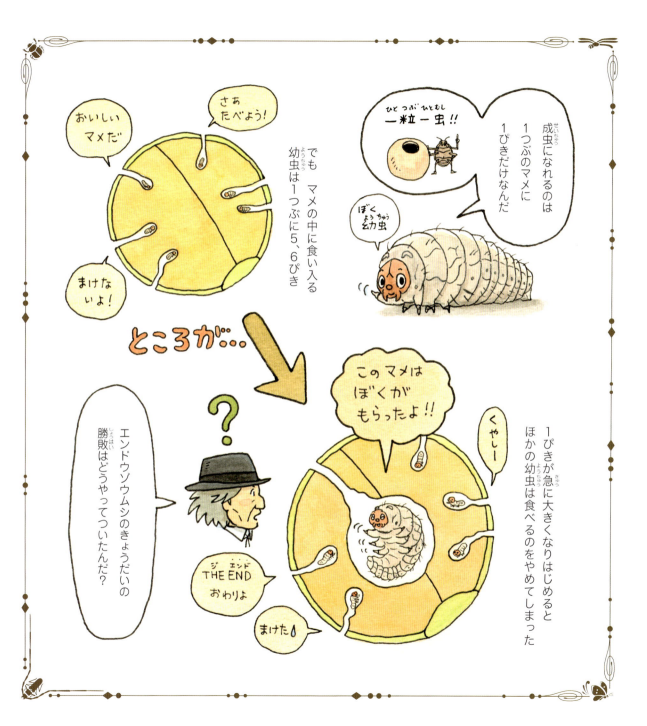

マメゾウムシ③ 日本のマメゾウムシ

マメゾウムシはもちろん、日本にもいるね。日本の梅谷献二《うめやけんじ》という昆虫学者《こんちゅうがくしゃ》が、マメゾウムシの生存競争《せいぞんきょうそう》についておもしろい研究《けんきゅう》をしたんだ。その研究《けんきゅう》は『マメゾウムシの生物学《せいぶつがく》——ある文明害虫《ぶんめいがいちゅう》の軌跡《きせき》』という本にまとめられているよ。

梅谷《うめや》さんは、アズキにつくアカイロマメゾウムシを研究材料《けんきゅうざいりょう》にしていたんだけど、あるときふと思いついて、マメゾウムシに食われたアズキをやわらかく煮《に》て、うすくスライスしてみたんだ。

日本ではアズキをゆでて砂糖《さとう》を加《くわ》え、おまんじゅうのあんにするんだってね。だから、アズキをゆでるというアイディアはごく自然《しぜん》に浮《う》かんだんだろう。

だって乾燥《かんそう》してかたくなったアズキはうすく切ろうとしてもくだけてしまうだろう。うすく切るために、ゆでるというのはうまい方《ほう》法《ほう》だ。

それでだね、アズキのうす切りを顕微鏡《けんびきょう》で見たら、どんなものが見えたと思う？

これがおそろしい話なんだ。1ぴきだけ生き残《のこ》った幼虫《ようちゅう》の部屋《へや》のかべに、ふんや食べかすがぬりこめられていたんだけど、それを水につけてほぐしてみてびっくりした。その中から、幼虫《ようちゅう》の死体《したい》がぞろぞろ出てきたんだ。しかもその死体《したい》にはかみ傷《きず》がついていた。

ということは、マメゾウムシのきょうだいたちは、ある程度《ていど》大きくなると、かみ殺《ころ》しあい、トーナメント形式《けいしき》の試合《しあい》をやる、ということなんだよ。

この世界《せかい》では、食べ物《もの》の分量《ぶんりょう》が限《かぎ》られているから、あらそいが起《お》きる。たとえきょうだい同士《どうし》でもたたかわなければならないことがあるということだ。

おそろしい話はこれぐらいにしておこう。

エンドウゾウムシの幼虫《ようちゅう》は七月ごろ、十分に育つと、マメの内側《うちがわ》からぐるりと輪《わ》をえがくようにみぞをほっておく。もう少しかじるとマンホールのように丸い穴《あな》がぽっかりあくという、その寸前《すんぜん》で、かじるのをやめるんだ。

そしてさなぎになる。

やがてさなぎから成虫《せいちゅう》が羽化《うか》すると、中からふたをおしてポンとあけ、外に出てくる、というわけさ。かじって準備《じゅんび》しておかないと、外に出られないんだから、感心《かんしん》するよね。

かたいアズキを ゆでて しらべるなんて…すばらしいアイデア！
うすく切《き》れる
しかし… なんて かこくなんだ
アズキの中では、限《かぎ》られた食べ物《もの》をめぐり、幼虫《ようちゅう》たちが生死《せいし》をかけてたたかっていた
やるかっ！
おう!!
どうだ
やめてー
わー
とりゃー!!
たくましく生きるのよ
きびしいけど人生《じんせい》は戦《たたか》いよ
アカイロマメゾウムシ
話はもどってエンドウゾウムシは…
さなぎになる前にしっかり準備《じゅんび》
ガジガジ
羽化《うか》したらここをおしあけて外に出ればいいんだ
1つぶのマメの中にもたくさんのドラマがあるんだ
パカ
虫《むし》もたいへんなんだよ
生《い》き残《のこ》るのもひと苦《く》労《ろう》だね

マメゾウムシ④

インゲンマメゾウムシ

インゲンマメって知ってるかな？　ほら、細長いさやに入った、あのマメだよ。マメを煮《に》たりして食べることもあるけれど、さやのままゆでてサラダにするとおいしいよ。私《わたし》は若《わか》くてお金のないころ、よく食べたもんさ。値段《ねだん》が安《やす》いからね。

長い間、フランスではこのマメには害虫《がいちゅう》がつかなかった。ところが、あるときからマメゾウムシの一種《いっしゅ》が、これを食べはじめたんだ。私《わたし》の友人が、虫に食いあらされて穴《あな》だらけになったインゲンマメのつぶを持《も》ってきて言った。

「最近《さいきん》、この害虫《がいちゅう》がふえてね。みんな困《こま》ってるよ」

それで私《わたし》はさっそく、この害虫《がいちゅう》、インゲンマメゾウムシを飼育《しいく》してみようと思った。私《わたし》の庭《にわ》にはちょうどインゲンマメが植《う》えてあったからね。

友人のくれた、虫がいっぱいたかって穴《あな》だらけのインゲンマメをマメ畑《ばたけ》にいくつか置《お》いてみた。

インゲンマメゾウムシのめすは、すぐそばのインゲンマメにとまって卵《たまご》を産《う》みつけるはずだ——私《わたし》はそう思った。

ところがそうじゃなかった。インゲンマメゾウムシたちは、そのままどこかへ飛《と》んでいってしまったんだよ。

「あれぇ？　おかしいな……」

私《わたし》は1週間待《ま》ってみたけれど、虫は帰ってこなかった。何度《なんど》も何度《なんど》も虫を放《はな》してみたけど結果《けっか》は同じ。

それでインゲンマメの実《み》のついたつるをガラスびんに入れて、その中にマメゾウムシを放《はな》してやった。

すると、どうなったと思う？

インゲンマメゾウムシは、マメのつるにもさやにも卵《たまご》を産《う》みつけずに、なんとガラスびんのかべに産《う》んだんだよ。

卵《たまご》から幼虫《ようちゅう》がかえったので、新鮮《しんせん》なマメをあたえてみたんだけど、小さな幼虫《ようちゅう》たちは、あちこち歩きまわるばかりでマメには食いつかず、とうとう死《し》んでしまった。

それで気づいたんだ。このマメゾウムシは新鮮《しんせん》なインゲンマメは食べないのかもしれない。きっと十分熟《じゅく》して乾燥《かんそう》したマメじゃないとだめなんだってね。

インゲンマメゾウムシ

インゲンマメだけでなく、幼《よう》虫《ちゅう》はさまざまなマメを食べる

幼虫《ようちゅう》に若《わか》いマメを
あたえたが食べなかった

めすはマメではなく
ガラスびんに卵《たまご》を産《う》んだ

マメゾウムシ⑤ 乾燥《かんそう》したマメが好《す》き

「そうか、インゲンマメゾウムシはエンドウゾウムシとちがって、新鮮《しんせん》なマメは食べられないんだ！」

そう気がついた私《わたし》は、古いかちかちのマメをガラスびんの中に入れてやった。

すると、思ったとおり、卵《たまご》からかえった幼《よう》虫《ちゅう》たちは、このかたいマメを少しずつ、カリカリかじりはじめ、とうとうマメの中に入りこんだんだよ。

インゲンマメは若《わか》くてやわらかいものをさやごと料理《りょうり》して食べることが多いけれど、そうでない場合は、十分に大きくなったあと、からからにかわくまで畑《はたけ》に放《ほう》っておかれる。あとで、むしろの上に広げて棒《ぼう》でたたくと、かんたんにはじけてマメが取《と》りだせるからだよ。

こういうさやの中のかわいたマメに、インゲンマメゾウムシは卵《たまご》を産《う》みつける、というわけだ。

人間は、そんな、害虫《がいちゅう》つきのマメを倉庫《そうこ》の中にしまって安心《あんしん》するんだけど、とんでもない。だれにもとられないと思っているマメをインゲンマメゾウムシがぼりぼり食べてしまう。

しかもこのマメゾウムシは、マメ1つぶで20ぴきも育つことがあるんだ。

そして1年の間に、親から子へと何代《なんだい》にもわたって世代交代《せだいこうたい》をくりかえす。

私《わたし》が実験《じっけん》してみると、1ぴきのマメゾウムシが80個《こ》の卵《たまご》を産《う》んだ。その半分がめすで、そのめすからまた80ぴきの子どもが育《そだ》つとすると、計算してごらん。親から子へ4回くりかえしたら、その年の終《お》わりには何びきになるか……答えは次回《じかい》言おう。

どんなに大きい倉庫《そうこ》でも、インゲンマメゾウムシが数ひきしのびこんだら、中にたくわえておいたマメは数年のうちに全部《ぜんぶ》だめになってしまう。

しかもインゲンマメゾウムシはおそろしいことに、マメならほとんど何でも食べるんだ。エンドウマメでもソラマメでも、アズキでも、ダイズでも、何でも来い、という調子《ちょうし》。めすはさわってみて、表面《ひょうめん》がかたくてなめらかなものなら何にでも卵《たまご》を産《う》みつける。ビー玉にまで産《う》んだから、さすがの私《わたし》もあきれてしまった。

マメ１つぶに20ぴき
育《そだ》つこともある
マメならなんでもたべちゃうよ
1粒《つぶ》20虫《むし》だよ
１年間に４回も世代交代《せだいこうたい》
インゲンマメゾウムシの
幼虫《ようちゅう》はかわいたマメを食べる
ぼくらはかちかちのマメがすきなんだ
カリカリ
カリカリ
やはり私《わたし》の予想《よそう》は正しかった
となると・・・
まめさではだれにもまけないよ！
１ぴきのめすが80ぴきの
子を産《う》むとする…
おす
めす
その半分が
めすで
１年で４回
世代交代《せだいこうたい》
すると…
いったいどうなるんだ…おそろしい
ここでクイズです
Q
1年《ねん》たつと何《なん》びきになる？
司会・マメゾウ
答えは次回《じかい》に…

マメゾウムシ⑥

外国から入ってくる虫

前回出した問題《もんだい》を計算してみたかな？　マメゾウムシが、1年で4回世代交代《せだいこうたい》をくりかえすとしたら、その年の終《お》わりにはどれだけの数になるか、という問題《もんだい》だったね。

1ぴきのめすのマメゾウムシが卵《たまご》を80個《こ》産《う》むとして、そのうちの半分、つまり40ぴきがめすだとすると、それぞれがまた80個《こ》の卵《たまご》を産《う》むよね。だから40×80で、３２００ぴきになる。

この半分の１６００ぴきがまためすだとすると、１６００×80で12万８０００ひきだ。この半分は6万４０００ひきだろう。かける80は、５１２万びきということになる。１年で５００万びきを超《こ》えるんだよ！

もちろん、病気《びょうき》で死《し》んだり、天敵《てんてき》にやられたりするから、５００万びきなんて育《そだ》たないけれど、倉庫《そうこ》の中にめすが1ぴきしのびこんだだけで、マメは食われて穴《あな》だらけ。しまいには粉《こな》ごなになる。

だから、輸入《ゆにゅう》されたマメが大量《たいりょう》に貯蔵《ちょぞう》されている港《みなと》の倉庫《そうこ》なんかでは、厳重《げんじゅう》に検査《けんさ》をして、こんな害虫《がいちゅう》が入りこんでいないか気をつけているんだよ。

マメや、そのほかの穀物《こくもつ》にカビが生《は》えたり、害虫《がいちゅう》がついたりしないように消毒《しょうどく》もしている。もっとも、あまり強すぎる薬《くすり》を使《つか》うと、それが毒《どく》になることもあるから気をつけないといけない。

もともとインゲンマメはメキシコ原産《げんさん》のマメだった。アメリカ大陸《たいりく》を発見《はっけん》したスペイン人らがヨーロッパにもたらしたんだ。はじめは害虫《がいちゅう》もついていなくて、マメだけがフランスに来たわけだよ。

そのうちにマメゾウムシもおくれてフランスにやってきた。そして倉庫《そうこ》のマメを食べてふえはじめたんだね。

こんなふうに外国から昆虫《こんちゅう》が入ってくると、はじめのうちは天敵《てんてき》がいないものだから、食べ物《もの》に不自由《ふじゆう》のない天国にでも来たように、大喜《おおよろこ》びで爆発的《ばくはつてき》に数がふえてしまうんだ。

昆虫《こんちゅう》は繁殖力《はんしょくりょく》が強いから、ふえはじめると大変《たいへん》なことになる。農作物《のうさくぶつ》が、害虫《がいちゅう》によって全滅《ぜんめつ》というようなことさえあるんだ。

A

1年間《ねんかん》で4回《かい》、世代交代《せだいこうたい》するから…

1回目 1(ぴきのめすが)×80(個《こ》の卵《たまご》を産《う》む)＝80(ぴきの子)

2回目 80(ぴきの子)÷2(半分がめす)×80(個《こ》の卵《たまご》を産《う》む)＝3200(ぴきの子)

3回目 3200(ぴきの子)÷2(半分がめす)×80(個《こ》の卵《たまご》を産《う》む)＝12万8000(ぴきの子)

4回目 12万8000(ぴきの子)÷2(半分がめす)×80(個《こ》の卵《たまご》を産《う》む)＝512万(ぴき)

1年《ねん》たつと512万《まん》びきになる!!

たくさんたべるのよ

前回のクイズの答え合わせをしてみよう！

さすがファーブル先生！ 虫だけじゃなく 数学や物理《ぶつり》の先生もしていただけのことはあるね

外国から害虫《がいちゅう》が入ってこないように気をつけないと大変《たいへん》なことになるんだよ
今回《こんかい》はインゲンマメがゲン・イン・だね

虫《むし》はいらないマメしかいらないよ！

オオヒョウタンゴミムシ①

海辺《うみべ》にすむ甲虫《こうちゅう》

夏、海に泳《およ》ぎに行ったことがあるだろう。海岸《かいがん》の砂浜《すなはま》を歩いているといろんなものがうちあげられている。海藻《かいそう》とか木ぎれとか。今はプラスチックごみが多いんだね。

そんなごみをそおっと持《も》ちあげてごらん。下からちょこちょこ黒っぽい甲虫《こうちゅう》がはいだすことがあるよ。ごみの下にかくれているからゴミムシなんてよばれているけれど、よく見ると黒いだけじゃなくて、水たまりに油《あぶら》が落《お》ちたみたいに虹色《にじいろ》に輝《かがや》いたり、黄色い紋《もん》があったりするきれいな種《しゅ》がたくさんいるんだ。

そういうゴミムシの中で、運《うん》がよければ、オオヒョウタンゴミムシという大きなすごい虫を発見《はっけん》できるかもしれない。

それはね、全身《ぜんしん》黒いうるしをぬったみたいに黒光りして、胸《むね》と腹《はら》の間がくびれたみごとな甲虫《こうちゅう》だ。手でつかもうとすると大きなきばのようなあごをぐわっと開《ひら》いて頭部《とうぶ》を起《お》こし、「やるかっ！」というかっこうをする。

こんなに強力な大あごを持《も》っているところからすぐわかるように、この虫は肉食だ。ふつう、口を見れば、だいたい食べているものはわかるものなんだ。

「でも、クワガタムシは肉食じゃないのに、大あごがりっぱなのはどうして？」って思うかもしれないね。あれはね、りっぱな大あごを見せびらかしてめすにもてたいから、それと、ほかのおすとたたかって勝《か》ちたいからなんだよ。

ついでにいえば、クワガタムシのめすの大あごは小さいけれどするどくて、木に卵《たまご》を産《う》むときなんか、穴《あな》をあけるのに使《つか》えるんだ。めすのきばは工作機械《きかい》、おすのきばは半分かざりなのさ。

ところできみたちはヒョウタンを知っているだろ。この虫は、腰《こし》のくびれから「オオヒョウタンゴミムシ」と名づけられたんだ。

これをつかまえるには、ごみを持《も》ちあげるほかにいい方法《ほうほう》がある。

その方法《ほうほう》はね、砂浜《すなはま》でこの虫の歩いたあしあとを見つけること。特徴《とくちょう》のあるあしあとをたどっていくと、砂《すな》にほられた穴《あな》の中に、こいつがひそんでいるんだ。じつは私《わたし》もこの虫のことをあしあとで見つけたんだよ。このことは、次回くわしく話をすることにしよう。

オウシュウオオヒョウタンゴミムシ

海岸《かいがん》にすみ、ほかの昆虫《こんちゅう》を捕食《ほしょく》する甲虫《こうちゅう》。
胴《どう》がくびれて、全身《ぜんしん》が黒光りしている

オオヒョウタンゴミムシ② 死《し》んだまねをする虫

私《わたし》がオオヒョウタンゴミムシをはじめて見つけたときの話をしよう。

地中海に面《めん》したセートという町の海岸《かいがん》の砂《すな》浜《はま》を歩いていると、ふしぎな2列《れつ》のあしあとが砂《すな》の上に続《つづ》いていた。海辺《うみべ》にいる小さなチドリのあしあとか、ヤドカリの歩いたあとみたいなんだ。

そのあしあとのとぎれているところを、私《わたし》は手と木のきれはしでほってみた。すると、いた、いた！　すごい虫が。今にもかみつきそうに頭をあげ、胸《むね》をそらせていた。

「あっ、オオヒョウタンゴミムシだ！」

これは、図鑑《ずかん》で見て知っているだけで、まだつかまえたことのないあこがれの甲虫《こうちゅう》だった。

指《ゆび》でつまんで砂《すな》の上を歩かせてみると、ちょこちょこ歩いたあとに、さっき見たあしあとがついたから、これがあしあとの主《ぬし》であることがはっきりした。

オオヒョウタンゴミムシは夜行性《やこうせい》で、夜、砂浜《すなはま》を歩きまわってえものをつかまえ、昼間は砂《すな》の中にひそんでいるんだ。

ところで、この虫はショックをあたえられると、死《し》んだまねをするんだよ。

オオヒョウタンゴミムシをちょんちょんとつついて、あおむけに置《お》くと、あしをちぢめ、じっとしてまるで死《し》んだように動《うご》かなくなる。こんなことは図鑑《ずかん》を見ているだけではわからない。やはり生きた虫を自分でつかまえてみなければ気がつかないことだね。

そういえば、死《し》んだまねをする虫ってときどきいるだろう？　たとえばきみたちが草の葉《は》の上にいる虫を見つけて、とってやろうと手をのばすと、虫はあしをちぢめてぽろっと葉《は》っぱから落《お》ちてしまう。そしていったん草むらに落《お》ちると、もういくら探《さが》しても見つからないよね。

鳥なんかに食べられないようにするためには、これはいい方法《ほうほう》だと思うよ。それでみんなこれを「死《し》んだまね」と言っている。

でも、オオヒョウタンゴミムシみたいに強い虫がこんなことをして、何の役《やく》に立つんだろう？

それに、そもそも虫《むし》は、死《し》ということを知っているんだろうか？

ファーブル先生がまだ若《わか》いころ
フランスのセートの砂浜《すなはま》で
植物《しょくぶつ》を観察《かんさつ》していたときのこと…

つかまえてみるとあこがれの甲虫《こうちゅう》
オオヒョウタンゴミムシだった

小さい虫ならともかく
強いオオヒョウタンゴミムシが
なぜ「死《し》んだまね」をするのか？

オオヒョウタンゴミムシ③ 肉食の虫

はじめてオオヒョウタンゴミムシを見てから何十年もたって、私《わたし》は「そうだ、あの虫を研究《けんきゅう》に使《つか》ってやろう」と思いたった。

そこで、オオヒョウタンゴミムシのいる海《かい》岸地方《がんちほう》に住《す》む友人にたのんで、12ひきほど送《おく》ってもらった。

友人はオオヒョウタンゴミムシを生きたまま箱《はこ》に入れて郵便《ゆうびん》で送《おく》ってくれたんだけど、そこにフタホシゴミムシダマシというおとなしい甲虫《こうちゅう》もいっしょに入れていた。するとおそろしいことに、フタホシゴミムシダマシは、オオヒョウタンゴミムシにばらばらに食われてしまっていたんだ。

私《わたし》はこのオオヒョウタンゴミムシを、ガラスの容器《ようき》で飼《か》ってみることにした。

厚《あつ》く砂《すな》をしいた容器《ようき》に入れると、虫はすぐにななめ方向《ほうこう》に砂《すな》をほりはじめた。容器《ようき》の底《そこ》にとどくと、横向《よこむ》きにしばらくほって完成《かんせい》。穴《あな》をほり終《お》えた虫は、底《そこ》のところでえものをじっと待《ま》っている。

夏だったから、研究室《けんきゅうしつ》の窓《まど》の前のプラタナスで、セミがやかましく鳴いていた。

「ちょうどいいな」

私《わたし》は虫とり網《あみ》でセミを1ぴきつかまえて、オオヒョウタンゴミムシの容器《ようき》に入れてふたをしてやった。

がさがさっとセミのあばれる音がすると、穴《あな》の底《そこ》でうとうとしていたオオヒョウタンゴミムシはすぐに目を覚《さ》ました。口の横《よこ》に生えている触角《しょっかく》がびりびりふるえている。

そろりそろりと砂《すな》の斜面《しゃめん》をのぼって外を見まわし、セミを見つけたかと思うと、ばっと穴《あな》からとびだした。

砂《すな》の上を走っていって、セミをがしっと大あごでくわえ取《と》る。なるほどオオヒョウタンゴミムシのするどいきばは、えものの体にぐさりとささるんだ。

セミはそのままオオヒョウタンゴミムシのトンネルの中にひきずりこまれ、かみ殺《ころ》されてしまった。

セミが死《し》ぬとオオヒョウタンゴミムシはトンネルの上にのぼっていき、穴《あな》をふさいだ。ほかの者《もの》にじゃまされることなく、えものをゆっくり食べるためなんだ。

やはりこの虫は肉食なんだ。

送《おく》ってもらった箱《はこ》の中では…

おとなしいフタホシゴミムシダマシがおそわれていた

ガラスびんの中にオオヒョウタンゴミムシを入れると、穴《あな》をほって巣《す》を作った

セミを入れると…オオヒョウタンゴミムシは目を覚《さ》ましてセミをおそった

オオヒョウタンゴミムシ④

「死《し》んだまね」の研究《けんきゅう》

オオヒョウタンゴミムシのえもののつかまえかたはよくわかった。次《つぎ》はいよいよ「死《し》んだまね」の研究《けんきゅう》だ。

この虫をじっと動《うご》かなくさせるのはじつにかんたん。するどいきばでかまれないように気をつけながら、背中《せなか》を指《ゆび》でつまんで、2、3回、ころん、ころんとテーブルの上に落《お》としてやる。それからあおむけに置《お》いてみるんだ。

するとオオヒョウタンゴミムシは、まったく身動《みうご》きしなくなる。

あしをぎゅっと体にひきつけ、触角《しょっかく》を左右にのばして大あごは開《ひら》いたまま、じっとしている。

虫の目にはまぶたなんかないから、こっちを見ているのか見ていないのかもわからない。まるで死《し》んでいるみたいだ。

私《わたし》は虫のそばに時計を置《お》いて、死《し》んだまねの時間をはかってみた。同じ日の同じ時間帯《じかんたい》に、同じ虫を使《つか》ってはかってみても、結果《けっか》にはかなりの差《さ》が出たんだ。

1時間以上《いじょう》死《し》んだようになっていることもあるけれど、ふつうは20分ぐらいで目を覚《さ》ます。

あしの先がまず、ぴりぴりとふるえだし、次に触角《しょっかく》と口ひげが動《うご》く。やがてあし全体《ぜんたい》が動《うご》きはじめ、虫は、きゅっとくびれた胴《どう》のところで体を折《お》り曲《ま》げ、頭と背中《せなか》をぐいっと反《そ》らせると、えいと反動《はんどう》をつけるように起《お》きなおる。そしてせかせか歩きだすんだ。

もう一度《いちど》、てのひらからテーブルの上にぽとりと落《お》としてショックをあたえると、すぐまた死《し》んだようになる。

2回目にじっと動《うご》かなくなったときは、最《さい》初《しょ》のときより、もっと長い時間死《し》んだような状態《じょうたい》になる。目が覚《さ》めて動《うご》きだすたびに、3回目、4回目、5回目、とショックをあたえると、じっとしている時間はどんどん長くなる。

ところがそのうち、虫はもう「死《し》んだまね」をしなくなるんだ。ころんと落《お》としても、すぐに起《お》きあがってせかせか逃《に》げていく。

人間をだまそうとしてもだめなので、もうあきらめたか、それともあきちゃったんだろうか。

死《し》んだまねの実《じっ》験《けん》

オオヒョウタンゴミムシをじっとさせるのはかんたんだよ
時間をはかってみよう

ころんと転《ころ》がしてあおむけにするだけ！

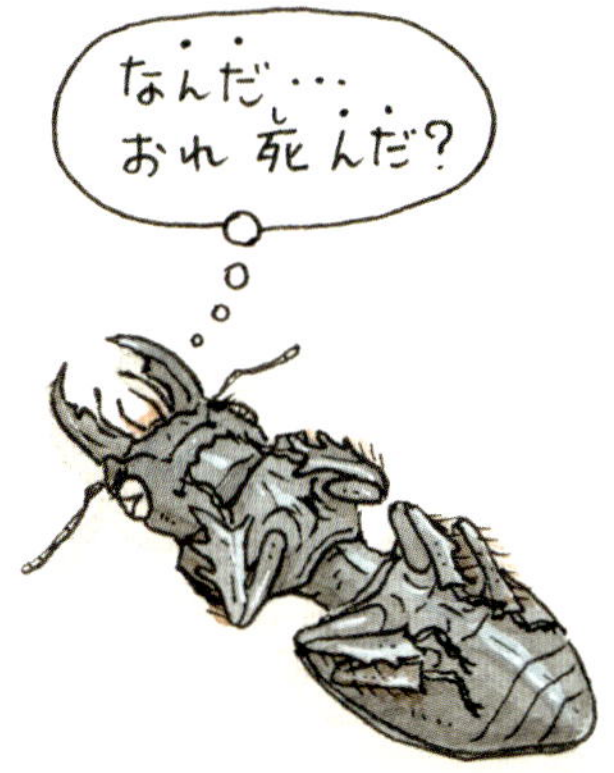

なんだ…おれ死《し》んだ？

1回《かい》目《め》

1時間以上《いじょう》死《し》んだまねをつづけるものもいたが、ふつうは20分ぐらいで動《うご》きだす

実験《じっけん》をくりかえすと…

2回目 ← 3回目 ← 4回目 ← 5回目

動《うご》かない時間はどんどん長くなった

体《からだ》をそらせておきあがるぜ

さらに実験《じっけん》をつづけると…そのうち死《し》んだまねをしなくなった

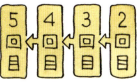

どうした？あきたのかい
そんなに何度《なんど》もやってられないよ！

オオヒョウタンゴミムシ⑤ 虫を起《お》こす実験《じっけん》

テーブルの上にねているオオヒョウタンゴミムシは、こっちを観察《かんさつ》して、逃《に》げるチャンスをうかがっているのかもしれない。それなら、私《わたし》はここにいないほうがいい。

そう思って私《わたし》は部屋《へや》のすみにかくれてみた。それでも虫は歩きださない。

虫の目はカメラの広角レンズみたいに丸みがあるから、部屋《へや》のすみのほうまで見えているという可能性《かのうせい》もある。

そこで今度《こんど》は、虫をねかせたまま部屋《へや》から出た。人間をだます必要《ひつよう》がなくなれば、虫はさっと起《お》きあがってすたこら逃《に》げだすだろう。

私《わたし》は庭《にわ》をひとまわりしてきた。ところが、40分もたってからもどってきたというのに、オオヒョウタンゴミムシは前と同じ姿勢《しせい》でじっと動《うご》かないんだ。

「人間をだまそうと考えて死《し》んだまねをしているんじゃなさそうだな。そばに敵《てき》がいなくても死《し》んだようになっているのには、何か別《べつ》の理由《りゆう》があるらしいぞ」

第一《だいいち》、この虫は、砂浜《すなはま》では一番強い王様《おうさま》みたいな虫だから、そんなにびくびく死《し》んだまねをする必要《ひつよう》なんかないはず。

小鳥に食われるのがこわいから？

いや、こいつは昼間、砂《すな》の穴《あな》にかくれているし、ゴミムシの仲間《なかま》はたいてい苦《にが》い味《あじ》がするから、鳥にも食べられないんだ。

では、オオヒョウタンゴミムシが死《し》んだように動《うご》かないとき、敵《てき》がやってきたら、どうするだろうか。

まず、ハエだ。

私《わたし》が住《す》んでいる地方はいなかで、近所に牧《ぼく》場《じょう》なんかがあって、牛や羊《ひつじ》がたくさん飼《か》われている。そのふんにハエがいっぱい来るんだ。もちろん私《わたし》の研究室《けんきゅうしつ》にも入ってくるさ。

じっと動《うご》かないオオヒョウタンゴミムシの口のあたりにハエがたかると、くすぐったいのか、オオヒョウタンゴミムシはまず、あしをばたばたさせた。

そして、ぱっと起《お》きたかと思うと、気をとりなおしたかのようにせかせか歩きはじめたじゃないか。

ハエのように、とるにたらない虫が相手《あいて》では「まじめに死《し》んだまねをしていてもしかたがない。危険《きけん》もないし、ええい、起《お》きちゃえ」とでも考えるのだろうか。

オオヒョウタンゴミムシから
かくれて観察《かんさつ》してみるが…

そもそも
虫にはまぶたがないから
目が開《あ》いているのかわからない

40分たって
もどってきても
動《うご》いていなかった

ハエがとまるとすぐに目を覚《さ》ました

オオヒョウタンゴミムシ⑥ 刺激《しげき》をあたえる実験《じっけん》

もしハエなんかよりもずっと大きい敵《てき》が現《あらわ》れたら、オオヒョウタンゴミムシはどうするだろう？　死《し》んだまねをして危険《きけん》から身《み》を守ろうとしているのなら、そのまま動《うご》かないはずだ。

そこで私《わたし》は、おそろしい姿《すがた》をした大型《おおがた》の甲《こう》虫《ちゅう》でためしてみることにした。

いかにも強そうなカシミヤマカミキリだ。これは私《わたし》のうちの近所の雑木林《ぞうきばやし》でよく見られる。もちろん、肉食じゃないから、オオヒョウタンゴミムシにかみついたりはしない。

このカミキリムシは海岸地方《かいがんちほう》にはいないから、オオヒョウタンゴミムシにとっては、はじめて見る強敵《きょうてき》だ。

カシミヤマカミキリをわらの先でつついてやると、のそのそ歩きだした。そしてそのまま、無神経《むしんけい》にねているオオヒョウタンゴミムシの体をふみつけたんだ。

するとすぐ、オオヒョウタンゴミムシのあしの先がびりびりとふるえた。

せまい容器《ようき》の中を、カシミヤマカミキリが歩きまわって、何度《なんど》も何度《なんど》もオオヒョウタンゴミムシをふみつけると、それまでじっと動《うご》かなかったこのゴミムシは、起《お》きあがって逃《に》げだしてしまった。

強敵《きょうてき》が現《あらわ》れたときこそ死《し》んだまねをしていなければならないはずなのに……。

とすると、この虫は敵《てき》をだますために死《し》んだまねをしているのではない、ということなのか。

次《つぎ》はまた別《べつ》の実験《じっけん》。オオヒョウタンゴミムシがのっているテーブルのあしを小石で軽《かる》くコンコンとたたいてみたんだ。すると、あおむけにねていた虫は、テーブルがたたかれるたびにあしの先をぶるぶるふるわせた。

最後《さいご》に、光の影響《えいきょう》も調《しら》べてみた。今までは部屋《へや》の中のうす暗《ぐら》いところで実験《じっけん》していたんだけど、動《うご》かなくなった虫を、日のよく当たっている窓《まど》ぎわに置《お》いてやるとすぐ起《お》きて逃《に》げだした。

結局《けっきょく》、この虫は相手《あいて》をだまそうと死《し》んだまねをしているのではないんだね。ショックを受《う》けると、一時的《いちじてき》に気を失《うしな》ったようになるだけなんだ。だから、振動《しんどう》や光の刺激《しげき》を受《う》けると目覚《めざ》めるわけだ。

大きなカシミヤマカミキリに
なんどかふみつけられると…

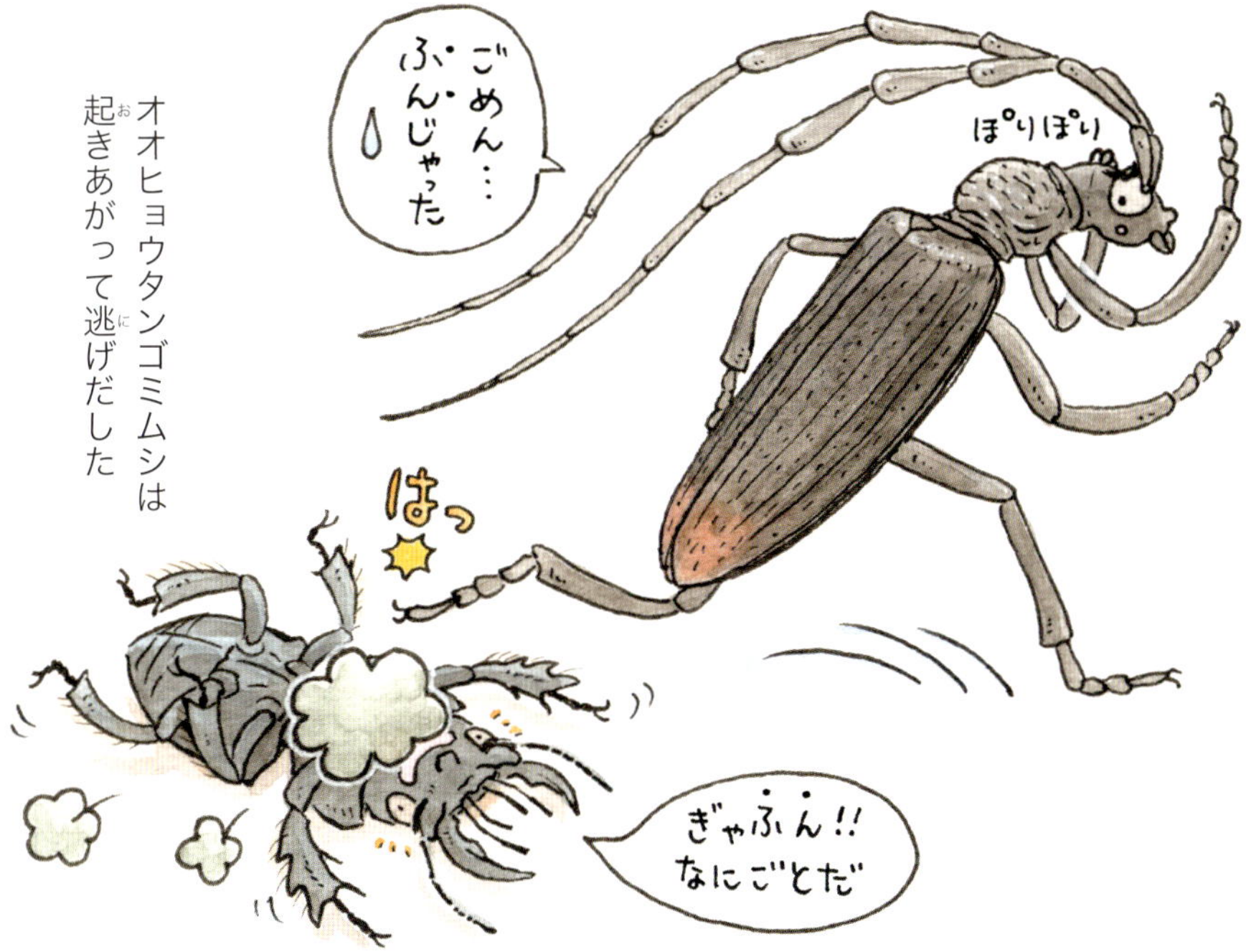

オオヒョウタンゴミムシは
起《お》きあがって逃《に》げだした

するとすぐに起《お》きて逃《に》げだした
つまり刺激《しげき》をあたえると
目が覚《さ》める!?

モンシロチョウ①

チョウという言葉《ことば》

春になると、モンシロチョウがちらちら飛《と》んでいる姿《すがた》を見かけるようになる。チョウは花のところに、みつを吸《す》いに来ているんだ。チョウの口はどんな形をしているかわかるよね。長いストローみたいになっているだろう。

それがのびたままだと、飛《と》ぶときにじゃまになるから、使《つか》わないときはくるりと巻《ま》いているんだ。掃除機《そうじき》のコードみたいだね。じつにうまくできている。

もし人間も、花のみつか木の汁《しる》しか吸《す》わなかったら、こんな口になっていたかもしれない。

モンシロチョウの親、つまり成虫《せいちゅう》のチョウは花に集《あつ》まるけれど、その子ども、つまり幼《よう》虫《ちゅう》はどんな姿《すがた》でどこにいるか、きみは知ってるかな。

幼虫《ようちゅう》ははじめのうち、黄色くすきとおっていて小さい。キャベツやナノハナなど、アブラナ科の植物《しょくぶつ》についていて、葉《は》っぱをもりもり食べるから農家《のうか》の人にはきらわれものなのさ。いわゆる農業害虫《のうぎょうがいちゅう》だよ。

古代《こだい》ギリシャのアリストテレスという学者《がくしゃ》は、『動物誌《どうぶつし》』という本の中に「葉《は》っぱの上のつゆが虫になることがある」と書いている。つゆの玉とチョウの卵《たまご》とを見まちがえたのかな。そういえばよくにてるけどね。きみたちは笑《わら》うかもしれないけど、大昔《おおむかし》の人たちは、そんなことをまじめに信《しん》じていたんだ。

ところで、フランス語ではね、チョウのことを「パピヨン」と言うんだよ。

フランス語のもとになったのは古代《こだい》ローマの言葉《ことば》のラテン語なんだけど、そのラテン語では、チョウのことは「パピリオ」と言っていたんだ。

ラテン語の「パピリオ」がフランス語の「パピヨン」になったわけ。そしてその「パピリオ」という言葉《ことば》は、チョウや旗《はた》がパタパタはためいている様子《ようす》を表《あらわ》したものらしい。

日本語では「チョウチョウ」とも言うけれど、昔《むかし》は「テフテフ」と書いたそうだね。そのもっと前は「テプテプ」と書いていたんだ。これもやはりチョウがパタパタ飛《と》ぶさまを表《あらわ》したんだろうね。

モンシロチョウ

日本全土《にほんぜんど》にいるシロチョウ。夏型《なつがた》は春型《はるがた》より黒い紋《もん》がはっきりしている

アリストテレス

古代《こだい》ギリシャの哲学者《てつがくしゃ》

モンシロチョウ②

卵《たまご》から幼虫《ようちゅう》へ

キャベツ畑《ばたけ》でモンシロチョウの飛《と》ぶところを見たことはあるかな？　チョウはときどきキャベツの葉《は》のところに来て、まとわりつくように飛《と》んでいるかと思うと、しっぽの先をちょんと葉《は》にくっつけることがあるよね。

あれは何をしていると思う？

よく見ると、チョウが飛《と》びさったあと、キャベツの葉《は》に黄色っぽいものがぽつんとくっついている。これがモンシロチョウの卵《たまご》なんだ。たてに長くて、虫めがねで見ると、プラスチックでつくった塔《とう》の模型《もけい》みたいな形をしているよ。

私《わたし》が研究《けんきゅう》したのは、モンシロチョウよりも少し大きくてたくましい、オオモンシロチョウという種類《しゅるい》だった。フランスではよく見られるチョウなんだ。

モンシロチョウは卵《たまご》を1つぶずつ産《う》みつけるけれど、オオモンシロチョウはかためて産《う》む。200つぶもかたまっていることだってあるよ。

はじめはうすい黄色だったのが、毎日見ているとだんだん濃《こ》い色になって、1週間ほどすると次《つぎ》つぎに卵《たまご》からかえりはじめる。その中から小さな2、3ミリの幼虫《ようちゅう》が出てくるんだ。

生まれてきた幼虫《ようちゅう》はまず最初《さいしょ》に何をすると思う？

なんと卵《たまご》の殻《から》を食べはじめるんだよ。

そういえば卵《たまご》の殻《から》はおかしのウェハースみたいで、くしゃくしゃ食べられそう。おいしそうだね。これはたんぱく質《しつ》でできているから、幼虫《ようちゅう》にとっても消化《しょうか》しやすくて、栄養《えいよう》のある食べ物《もの》なんだろうね。

幼虫《ようちゅう》はそれから、やっとキャベツの葉《は》を食べはじめる。考えてみれば、胃腸《いちょう》がしっかりしていなければ、かたい植物《しょくぶつ》を消化《しょうか》して、栄《えい》養《よう》として体にとりこむのは大変《たいへん》なことだよね。だから、まず卵《たまご》の殻《から》を食べ、力をつけてからキャベツを食べるわけだ。

それと同時に、このたんぱく質《しつ》を使《つか》って、やはりたんぱく質《しつ》を原料《げんりょう》とする糸をつくる、と私《わたし》は考えたんだ。

ほら、キャベツの表面《ひょうめん》はつるつるしているだろう。だからモンシロチョウの幼虫《ようちゅう》は、さなぎになるときに葉《は》っぱから落《お》ちないように、ちゃんと足場の糸を張《は》るんだよ。

オオモンシロチョウ

北アフリカからヨーロッパ、ヒマラヤにかけて生息《せいそく》する。モンシロチョウより大きく、幼虫《ようちゅう》はキャベツの葉《は》をすじまで食べる。

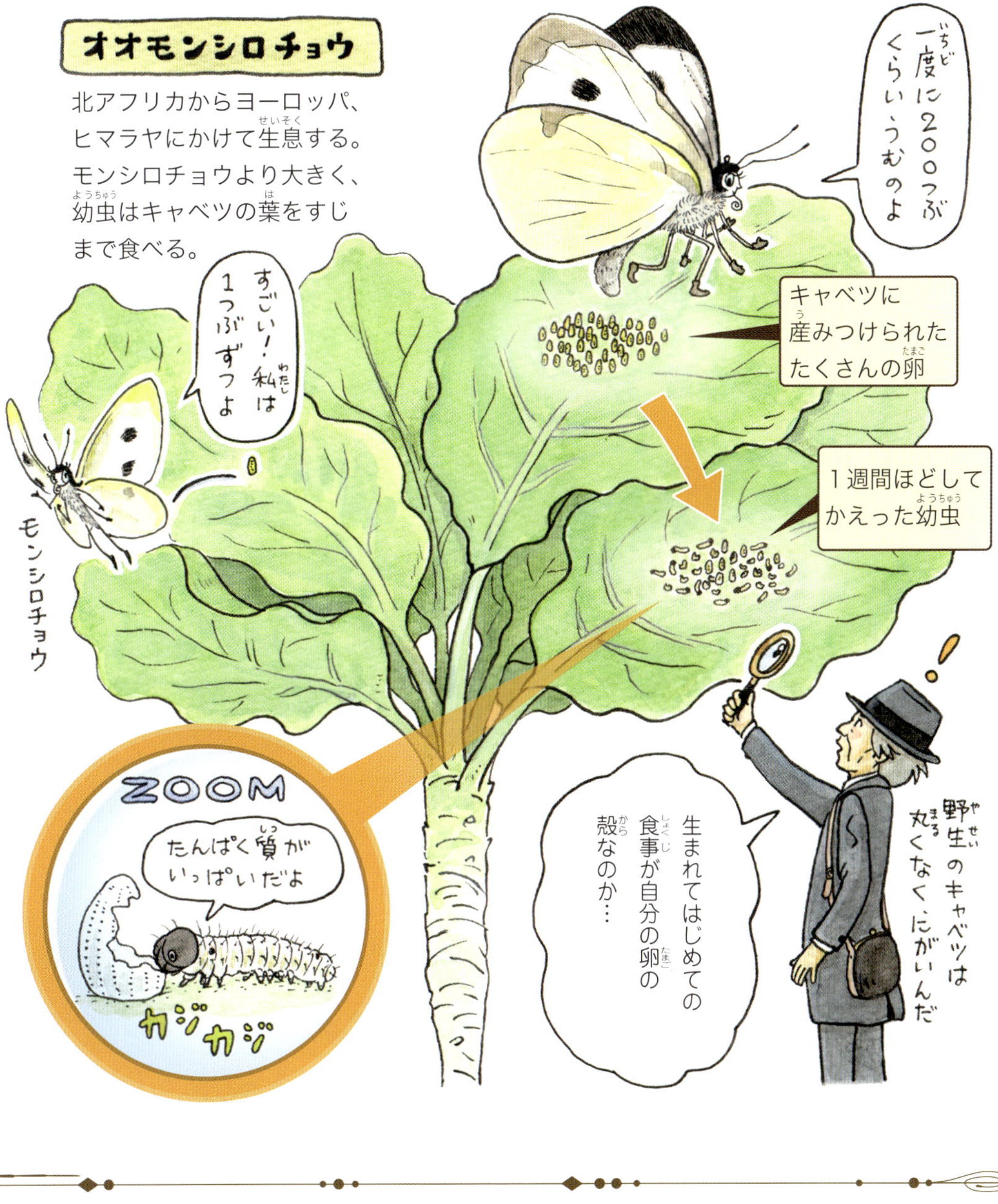

モンシロチョウ③ 幼虫《ようちゅう》からさなぎへ

モンシロチョウの幼虫《ようちゅう》はキャベツの葉《は》をもりもりよく食べる。おかげでキャベツの外側《そとがわ》の葉《は》は、すじ（葉脈《ようみゃく》）だけになってしまうから、これじゃ売り物《もの》にならない。農家《のうか》の人がおこるはずだね。オオモンシロチョウだと、葉《は》のすじさえ残《のこ》さないから、もっとすごいよ。

卵《たまご》からかえったばかりの幼虫《ようちゅう》は、体長が2ミリぐらいだったのが、4回皮《かわ》をぬいで十分育《そだ》つと3センチ近くにもなる。はじめの15倍《ばい》ほどの大きさだ。

そのころ幼虫《ようちゅう》は食べるのをやめて、うろうろ歩きはじめる。どこに行きたいのか、野外だとずいぶん歩くけれど、飼育箱《しいくばこ》の中だとあきらめて適当《てきとう》な場所《ばしょ》を選《えら》んで足場の糸を張《は》る。次《つぎ》になんべんも首をふるようにして、体の左右に糸をかける。人でいえば、背中《せなか》に安全《あんぜん》ベルトをつける感《かん》じだ。

そのあとはもうほとんど動《うご》かなくなる。このとき幼虫《ようちゅう》の体の中で大変化《だいへんか》が起《お》きはじめているんだ。

次《つぎ》の日、体をぴくぴく動《うご》かしはじめると、幼虫《ようちゅう》の最後《さいご》の脱皮《だっぴ》だ。

その下からさなぎが出現《しゅつげん》して、幼虫《ようちゅう》とはまったくちがう姿《すがた》になる。

まるで体の中身《なかみ》が一度《いちど》どろどろにとかされて、別《べつ》の体にすっかり作りかえられたみたいだ。もとの幼虫《ようちゅう》の姿《すがた》から考えると、まるで手《て》品《じな》だね。

中身《なかみ》がとけているのなら、さなぎは身動《みうご》きもできないはずなのに、さわるとぴくぴく動《うご》くよ。筋肉《きんにく》はどうなっているんだろうね。

さなぎになって2週間ほどたつと、成虫《せいちゅう》の羽のもようが外からすけて見えるようになってくる。モンシロチョウの場合は地味《じみ》だけど、赤や青のチョウだと、羽化《うか》する直前のさなぎはとてもきれいだよ。

さて、いよいよさなぎの背中《せなか》が大きく割《わ》れて、中からチョウが出てくる。でも、羽はちぢんだままだ。

チョウは枝《えだ》などにぶらさがって、羽をのばす。羽の先まで体液《たいえき》を送《おく》るのに、重力《じゅうりょく》を利用《りよう》するんだね。だから、きちんとぶらさがれないと羽はのびないよ。

羽がちゃんとのびると、乾《かわ》いてしっかりするのを待《ま》って、とうとう空に飛《と》びたつわけだ。

モンシロチョウの育《そだ》ちかた

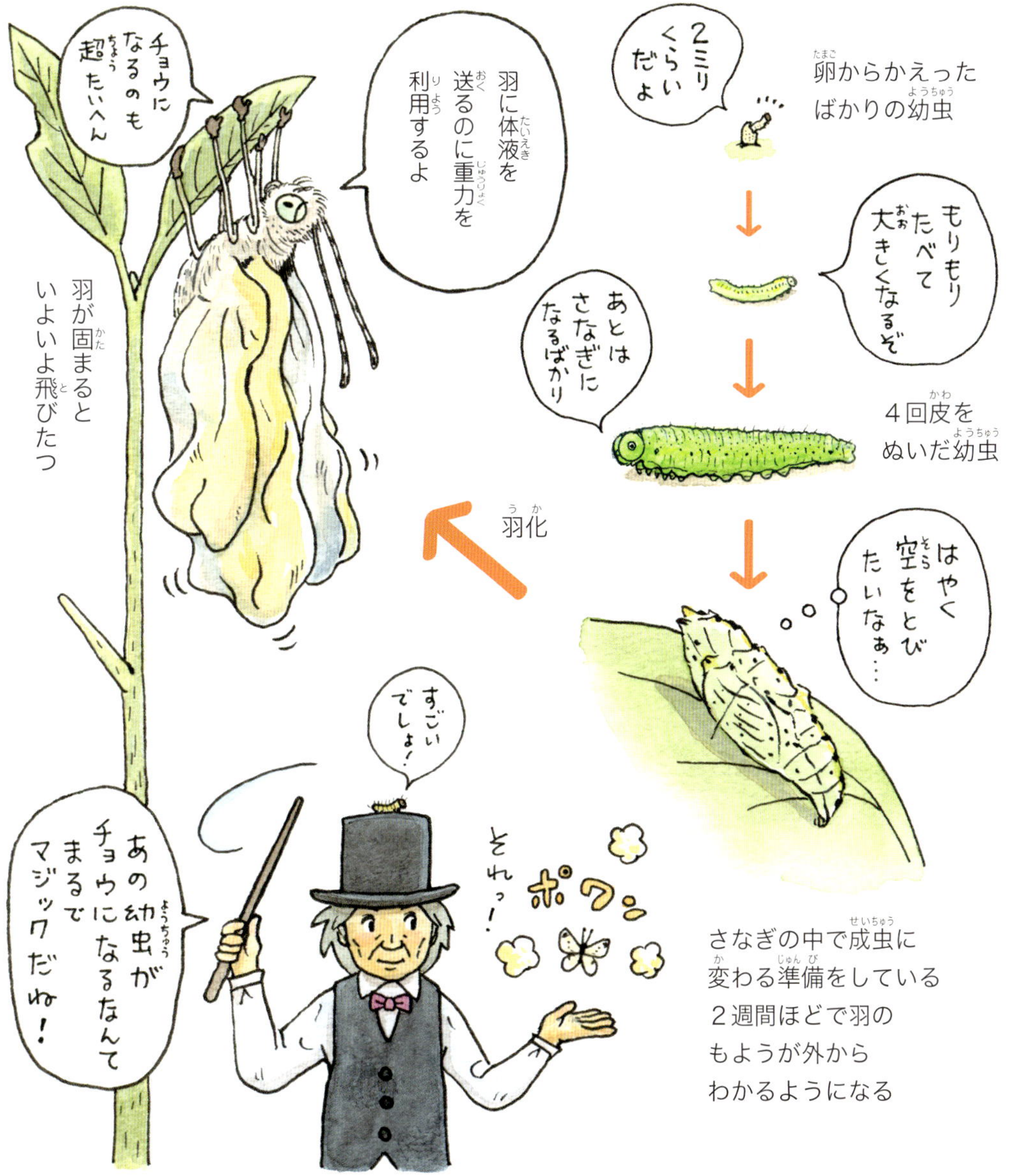

モンシロチョウ④

チョウを育《そだ》てる

昆虫《こんちゅう》の中にはチョウやカブトムシのように、さなぎになって大変身《だいへんしん》するものと、バッタのようにあまり変身《へんしん》しないものとがある。

きみたちに聞くけれど、チョウの幼虫《ようちゅう》と成《せい》虫《ちゅう》をきちんとくらべてみたことがあるかな。幼虫《ようちゅう》のどの部分《ぶぶん》が、チョウのどの部分《ぶぶん》になるか言えるだろうか。

まずチョウの顔をくわしく見てみよう。大きな複眼《ふくがん》が二つあって、くるりと巻《ま》いたゼンマイのような口、そして触角《しょっかく》とひげがある。こうしてよく見ると、なんだかロボットか宇《う》宙人《ちゅうじん》みたいだよね。

次《つぎ》は幼虫《ようちゅう》の顔だ。複眼《ふくがん》はずいぶん小さいね。複眼《ふくがん》みたいに見えるのは、じつは頭の一部《いちぶ》なんだよ。

体は自分でくらべてごらん。成虫《せいちゅう》には4枚《まい》の羽があるけれど、幼虫《ようちゅう》にはない。あしの数は？　一度《いちど》自分で飼《か》って、くわしく絵にかいて研究《けんきゅう》してみるといいよ。

ともかくこんな幼虫《ようちゅう》が、顔もあしも口もないようなさなぎになるんだ。木の枝《えだ》などにくっついて、2週間ぐらいじっとしていたかと思うと、さなぎの皮《かわ》がさけ、中からチョウが出てきて飛《と》んでいくんだから、本当におどろいてしまうよね。

みんなが飼育《しいく》しやすいチョウは、モンシロチョウ、アゲハチョウ、クロアゲハ、キアゲハといったところかな。

今は、家のそばにキャベツやダイコンの畑《はたけ》もずいぶん少なくなってしまったから、モンシロチョウの卵《たまご》や幼虫《ようちゅう》も見つかりにくいかな。

それにスーパーで買ってきたキャベツを幼《よう》虫《ちゅう》にやると、キャベツに農薬《のうやく》がついていて、食べた幼虫《ようちゅう》が死《し》んでしまうことが多い。だから、よく洗《あら》ってからやってね。ベランダなどでキャベツやダイコンが育《そだ》てられると一番いいんだが。

キアゲハはニンジンの葉《は》っぱで飼《か》えるよ。それから、鉢植《はちう》えのサンショウやミカンがあると、アゲハやクロアゲハが勝手《かって》に飛《と》んできて、いつのまにか卵《たまご》を産《う》んでいることがよくあるね。

次《つぎ》の夏が来るのに合わせて準備《じゅんび》しておくといいと思うよ。何事《なにごと》も準備《じゅんび》が肝心《かんじん》だ。

じっくり観察《かんさつ》してみると……

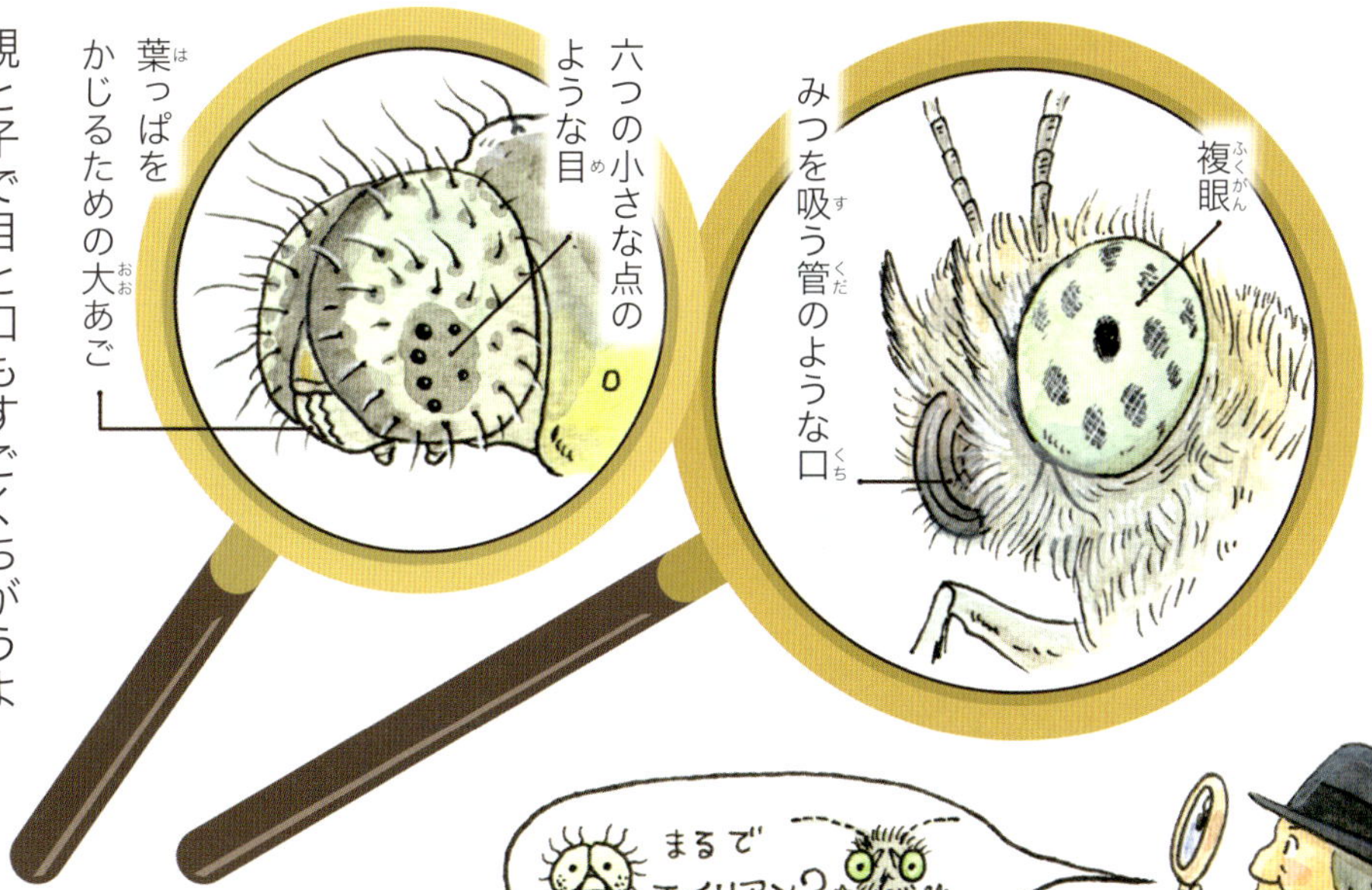

親と子で目と口もすごくちがうよ

モンシロチョウ⑤

チョウの飛《と》びかた

虫《むし》とり網《あみ》を持《も》って、チョウを追《お》いかけたことはあるかな？　チョウはトンボとちがって、まっすぐ一直線には飛《と》ばないよね。

モンシロチョウなら、ちらちら、ちらちら、紙ふぶきが風に舞《ま》うように不規則《ふきそく》な飛《と》びかたをする。

アゲハチョウはもっと速《はや》く高いところを飛《と》ぶことが多いけれど、やっぱり上がったり下がったり、波打《なみう》つように飛《と》ぶ。

それはね、チョウは、体が小さいわりに羽の面積《めんせき》が広いせいで、空気の抵抗《ていこう》が大きくなるからなんだよ。

たとえばきみが、大きな羽を腕《うで》につけてはばたいたとしよう。それで空中を飛《と》ぶのは大《たい》変《へん》なことさ。一度《いちど》段《だん》ボールで羽を作って実験《じっけん》してみるといい。人間の腕《うで》の力ではとても飛《と》べないよ。

昔《むかし》、そういうつばさをつけて、がけから飛《と》び降《お》りた人がいた。もちろん大けがをしたから、まねをしちゃダメだ。

実物《じつぶつ》のチョウが飛《と》ぶところを、デジタルカメラで写《うつ》してごらん。今は1秒間《びょうかん》に何コマも撮《と》れるカメラがあるから、うまくやれば、どんなふうに羽を動《うご》かしているか、細かく写《うつ》すことができる。

チョウが羽をうちおろしたとき、細長い腹《はら》はどうなっているか。

そう、腹《はら》はぴんと上にはねあがって、ちゃんと力のバランスがとれるようになっている。

羽の曲《ま》がり具合《ぐあい》は？

前羽の先のほうは空気をつかむようにふくらんで、その空気を後ろに送《おく》る感《かん》じだろう。

じゃ、後ろ羽はどうなっている？

前羽ほど大きくはばたかずに、滑空用《かっくうよう》に広げているように写《うつ》るはずだ。

つまり、飛行機《ひこうき》にたとえてみると、チョウの前羽はプロペラ、後ろ羽はつばさみたいなはたらきをしているんだね。

でもさっき言ったみたいに、羽が広くて体が小さいから、チョウははばたくたびに、上下にふらふら曲線《きょくせん》をえがいて飛《と》ぶことになるんだ。

うまく写真《しゃしん》が撮《と》れたら、それを見ながら自分でパラパラまんがを作ってみるとおもしろいよ。

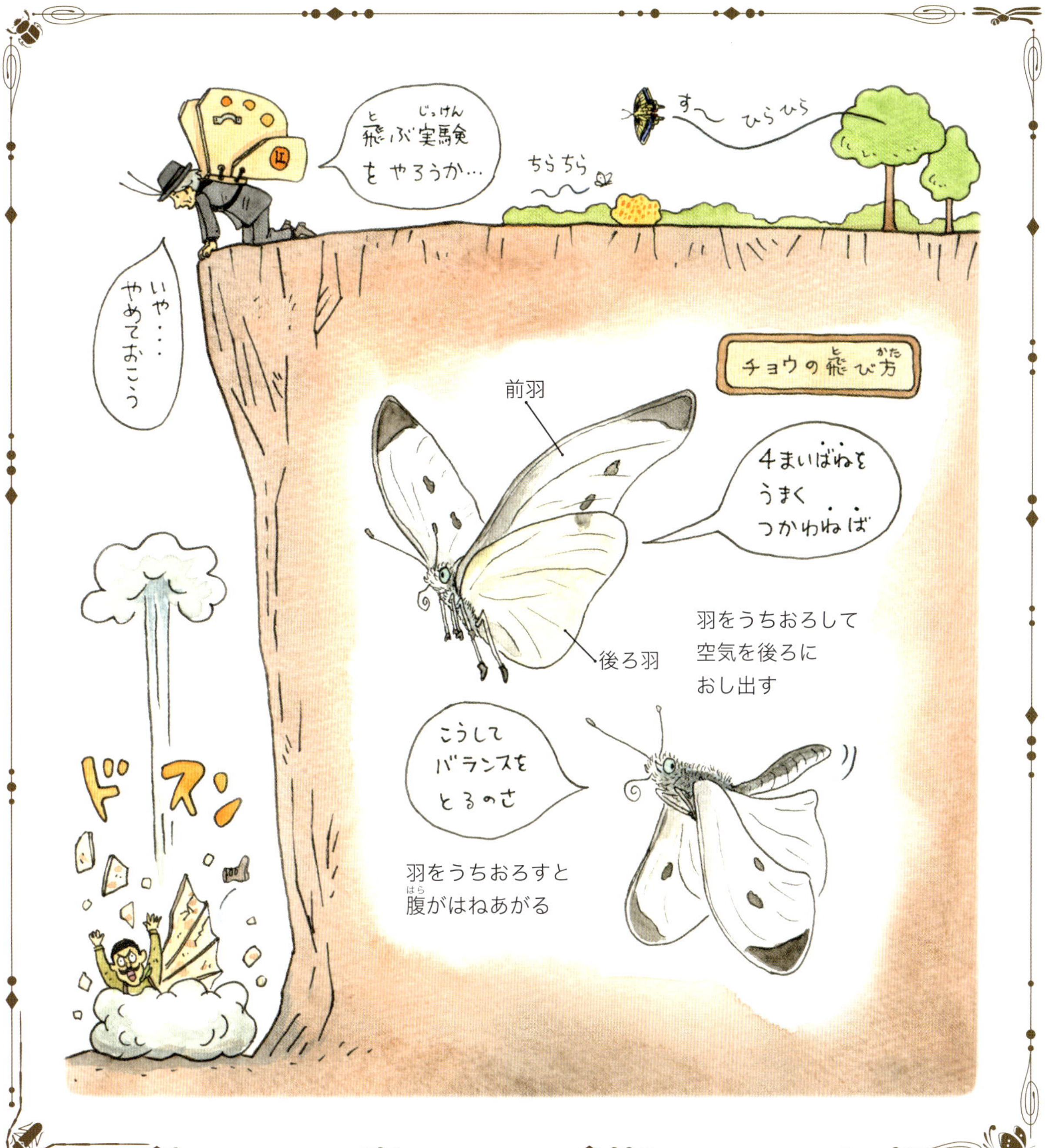
飛《と》ぶ実験《じっけん》をやろうか…
いや・・・やめておこう
すー
ひらひら
ちらちら
ドスン
チョウの飛《と》び方《かた》
前羽
後ろ羽
4まいばねをうまくつかわねば
羽をうちおろして空気を後ろにおし出す
こうしてバランスをとるのさ
羽をうちおろすと腹《はら》がはねあがる

モンシロチョウ⑥ 天敵《てんてき》・寄生《きせい》バチ

この世界《せかい》で、大きいものと小さいものとは、結局《けっきょく》どちらが強いんだろうか。

大昔《おおむかし》から人間は、マンモスやホラアナグマやサーベルタイガーとたたかってきた。そしてとうとう絶滅《ぜつめつ》させるのにひと役《やく》かったらしいじゃないか。

すると次《つぎ》の敵《てき》は目に見えないばい菌《きん》やウイルスだった。コレラやペスト、天然痘《てんねんとう》、スペインかぜなんかでたくさんの人が死《し》んだけど、それも少しずつ克服《こくふく》してきたんだね。医《い》学《がく》の進歩《しんぽ》のおかげだ。

昆虫《こんちゅう》の場合も、虫を食べる鳥や小動物《しょうどうぶつ》のほかに、小さな寄生《きせい》バチやウイルスが天敵《てんてき》になっているんだよ。

モンシロチョウの幼虫《ようちゅう》が十分育《そだ》って、もうそろそろさなぎになりそうだ、というとき、小さなハチの幼虫《ようちゅう》がモンシロチョウの幼虫《ようちゅう》の皮《かわ》をやぶってたくさん外に出てくることがある。そしてすぐまゆを作る。これはアオムシサムライコマユバチという寄生《きせい》バチなんだ。

アオムシサムライコマユバチの母親バチは、キャベツのまわりを飛《と》びまわっていて、モンシロチョウの幼虫《ようちゅう》を見つけると、その体に注射《ちゅうしゃ》するように卵《たまご》を産《う》みつける。寄生《きせい》バチの幼虫《ようちゅう》は、モンシロチョウの幼虫《ようちゅう》の体の中で、体液《たいえき》を吸《す》って育《そだ》つんだ。

大切な内臓《ないぞう》の部分《ぶぶん》にかみついたりしたら、チョウの幼虫《ようちゅう》はすぐ死《し》んでしまうはずだ。だけどハチの幼虫《ようちゅう》はけっしてそんな失敗《しっぱい》はしない。チョウの幼虫《ようちゅう》が死《し》なないようにしながら、たっぷり食べてから、外に出てまゆを作る。やがてチョウの幼虫《ようちゅう》のほうは元気がなくなり、死《し》んでしまう。

こんな食べかたを、ハチの幼虫《ようちゅう》は親から教えてもらわなくても、ちゃんとわかっているんだ。これは生まれつき身《み》についた「本能《ほんのう》」というものなんだろう。

青虫の体の上にのったたくさんの小さなまゆから、10日ほどすると小さな寄生《きせい》バチが飛《と》びだして、どこかに飛《と》びさる。

季節《きせつ》によっては、モンシロチョウの幼虫《ようちゅう》の大半《たいはん》が寄生《きせい》バチにやられてしまっていることがある。だから、鳥なんかよりこんな小さい寄生《きせい》バチのほうが、チョウにとってはおそろしい敵《てき》なんだよ。

小さい敵《てき》
ばい菌《きん》やウイルス
はたして
どちらが
強《つよ》いんだろう
ビリ
ビリ
バチ
バチ
大きい敵《てき》
マンモスやサーベルタイガー
もしかしたら目に見えない小さい敵《てき》のほうがおそろしいのかもね
はーい!
本能《ほんのう》で知《し》ってまーす
すぐに殺《ころ》さないように考《かんが》えて食《た》べるのよ
寄生《きせい》バチ
ムシャムシャ
生《い》かしたまま食《た》べるのか…
なんだか体《からだ》がだるいなぁ

ホタル①

世界《せかい》のホタル

春が終《お》わるとホタルが出てくるね。ゲンジボタルやヘイケボタルは、幼虫時代《ようちゅうじだい》は水の中にすんでいる。幼虫《ようちゅう》はあしの数が多くて、親とはまったくちがう虫なんだ。

ホタルは成虫《せいちゅう》だけでなく、卵《たまご》も幼虫《ようちゅう》もさなぎも光るんだよ。

昔の人は、岸辺《きしべ》の草なんかがくさってホタルになると信《しん》じていたらしい。

たしかにホタルの卵《たまご》は水辺《みずべ》の草なんかに産《う》みつけられるから、その草の生えているあたりからホタルは発生《はっせい》することになるね。

そして、さなぎは川岸《かわぎし》の土の中にもぐるんだ。だから、コンクリートで岸《きし》を固《かた》められてしまうと、ホタルは川にもすめなくなるよ。

あんなにかわいい光を出すから草食だと思うかもしれないけど、何をかくそう、ホタルは肉食で、川にいるカワニナという貝の仲間《なかま》を食べるんだ。

貝のやわらかいところにかみつき、口から消化液《しょうかえき》を出して肉をとかして食べるんだよ。幼虫《ようちゅう》が貝の殻《から》の中にもぐりこんで、さかんに食べているありさまはすごいもんだ。

ところで、英語《えいご》でホタルのことは「ファイアフライ」という。「ファイア」は「火」だよね。ほらキャンプファイアなんて言うじゃないか。「フライ」は「飛《と》ぶ虫」だ。ハエも「フライ」だし、チョウは「バタフライ」だ。ホタルは「光りながら飛《と》ぶ虫」というわけだね。

ところが、もうひとつ「グローワーム」という言葉《ことば》があるんだけど、これもホタルのことなんだ。

でも変《へん》じゃないか。「ワーム」っていうのは、ミミズみたいな地面《じめん》にいる虫のことだよ。これがなんでホタルなんだろう?って思わないか。

それはね、ホタルの中には、めすが一生、幼虫《ようちゅう》と同じ形のまま変《か》わらないものがいるからなんだ。それでもめすは、光ることは光る。地面《じめん》の上でぼーっと光るんだね。

それに、一生水には入らないで陸《りく》で暮《く》らすホタルもたくさんいるんだよ。

むしろ幼虫時代《ようちゅうじだい》を水の中で過《す》ごす種類《しゅるい》のほうが、めずらしいというか、世界的《せかいてき》に見ると少ないんだ。

ゲンジボタル

水のきれいな川辺《かわべ》にすむ日本の代表的《だいひょうてき》なホタル。幼虫《ようちゅう》は水の中で暮《く》らし、カワニナ（貝）を食べる

ホタル②

ホタルの光

私《わたし》が生まれたのは1823年のフランスだ。日本では江戸《えど》時代《じだい》の終《お》わりごろ、ちょうどシーボルトが日本に来た年だね。

そのころのことをふりかえってみると、私《わたし》が一番《いちばん》よく覚《おぼ》えているのは、夜になると真《ま》っ暗《くら》だったということだね。

どこもかしこも、それこそ、鼻《はな》をつままれてもわからないような真《ま》っ暗《くら》やみなんだ。

家の中では、ヤニのしみこんだマツの木の根《ね》っこのかけらをもやして明かりにしていた。ろうそくは高価《こうか》だからね。

でも、月が出ると急《きゅう》に明るくなる。きみたちはお月さまがどんなに明るいか、星の数がどんなに多いか、知らないんじゃないか。

そんな真《ま》っ暗《くら》な夏の夜、ポーッ、ポーッと光るホタルの光は本当に印象的《いんしょうてき》でふしぎなものだった。

キリスト教の国では、ホタルは洗礼《せんれい》を受《う》けないうちに死《し》んでしまった子どもの魂《たましい》だ、なんて信《しん》じられていたんだよ。なんとなくはかない感《かん》じがするからだろうね。

日本ではホタルは漢字《かんじ》で「蛍《ほたる》」のほかに「火垂《ほたる》」とも書くんだね。

昔《むかし》は水がきれいでホタルもたくさんいた。川岸《かわぎし》のヤナギの木なんかに、光るホタルがむらがって、まるで黄緑色《きみどりいろ》の火が燃《も》えているように見えたほどだ。その炎《ほのお》のかたまりからぱらぱらと火がこぼれ落《お》ちるようなありさまから、「火が垂《た》れる」つまり「火垂《ほたる》」と言ったのさ。

ホタルがどうやって光るかについては、昔《むかし》からいろいろな人が研究《けんきゅう》してきた。その結《けっ》果《か》、ルシフェリンとルシフェラーゼという二つの物質《ぶっしつ》のはたらきが解明《かいめい》されているけれど、まだまだわからないことも多いんだ。

ホタルが光るのは、おすとめすとが出あうための合図というか、言葉《ことば》のようなものだけど、中にはこの光で別《べつ》の種類《しゅるい》のホタルをだますものもいるよ。光にさそわれて寄《よ》ってきたうっかりものを、つかまえて食べてしまうんだ。

それから、ポーッ、ポーッと光る間隔《かんかく》は、同じ種類《しゅるい》のホタルでもすむ地方によってちがうんだ。ホタルの言葉《ことば》にも方言があるんだね。

ホタルの光は
なんてふしぎなんだ
まるではかない魂《たましい》のようだ

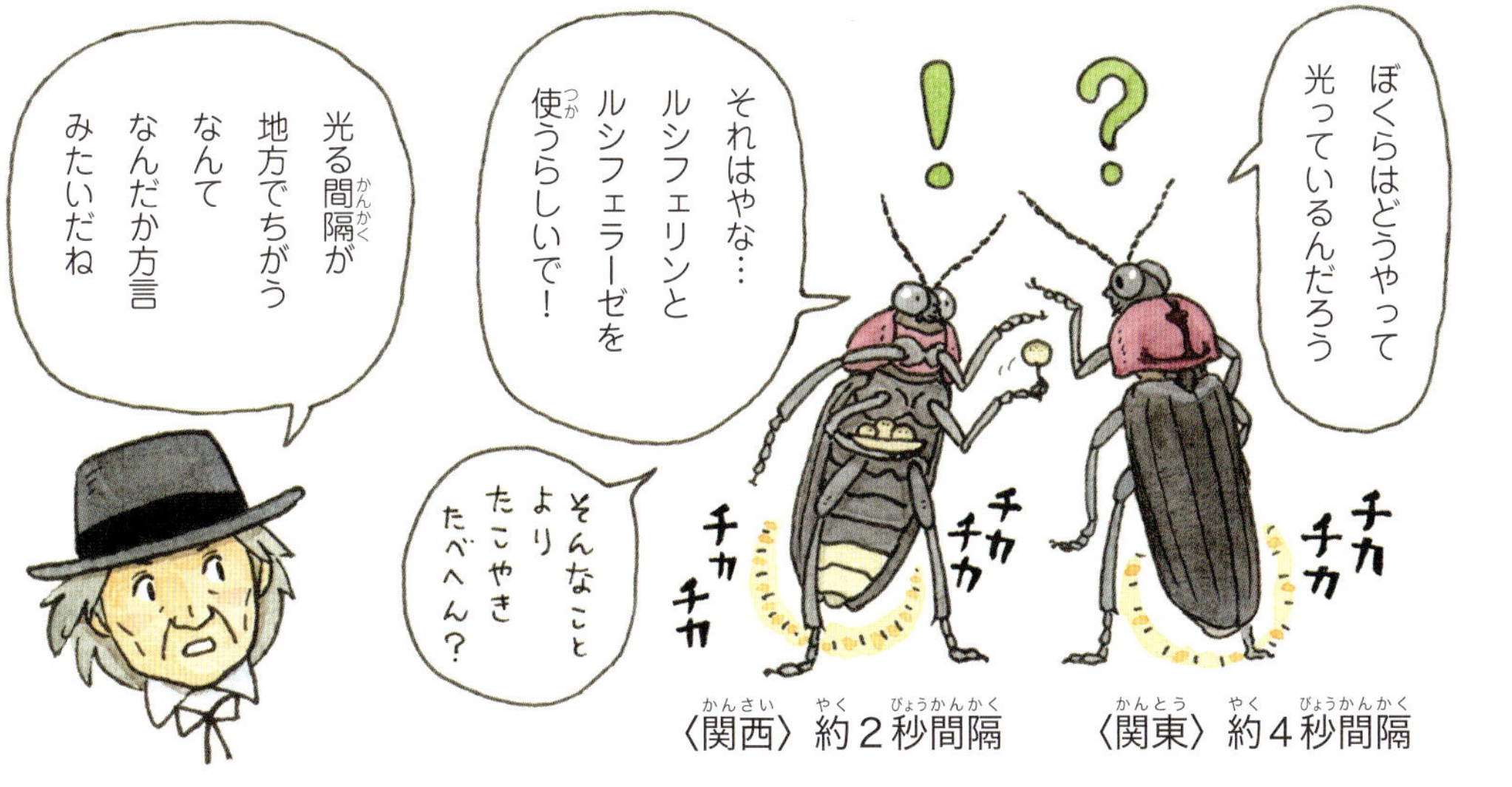
？
ぼくらはどうやって光っているんだろう
！
それはやな…ルシフェリンとルシフェラーゼを使《つか》うらしいで！
光る間隔《かんかく》が地方でちがうなんてなんだか方言みたいだね
そんなことよりたこやきたべへん？
チカチカ
チカチカ
チカチカ
〈関西《かんさい》〉約《やく》２秒間隔《びょうかんかく》
〈関東《かんとう》〉約《やく》４秒間隔《びょうかんかく》

ホタル③　虫の光で読書

漢字《かんじ》でホタルは「蛍《ほたる》」と書くね。でも、もともとは「螢《ほたる》」と書いた。上に「火」が二つもある。つまり昔《むかし》の中国の人にとってホタルは、はなやかな目立つ虫だったようだ。

卒業式《そつぎょうしき》にみんなで「ほたーるのひかーり、まどのゆーきー」と歌うだろう。あれは中国の故事《こじ》（昔《むかし》から伝《つた》えられていることがら）にもとづいているんだ。

晋《しん》の国の車胤《しゃいん》という青年《せいねん》は、貧《まず》しくて灯油《とうゆ》が買えないので、ホタルを集《あつ》めて袋《ふくろ》に入れ、その光で本を読んだ。

一方、孫康《そんこう》という学生もやはり貧《まず》しかったので、窓《まど》の雪明かりで書を読んだという。こうして勉強《べんきょう》してりっぱになることを「蛍雪《けいせつ》の功《こう》」などというんだ。

ところで、ホタルの光で本当に本が読めるんだろうか、と疑問《ぎもん》に思うかもしれないね。

今のようにホタルが少ないと、袋《ふくろ》にいっぱい集《あつ》めるのは大変《たいへん》だろう。ホタル狩《が》りばかりしていたら、勉強《べんきょう》する時間がなくなってしまうよね。

でも昔《むかし》はたくさんホタルがいたから、袋《ふくろ》いっぱいに集《あつ》めるのも難《むずか》しくなかった。日本でもかつては、ゲンジボタルを何十万、何百万びきと集《あつ》めて売る問屋《とんや》があった。料亭《りょうてい》などがホタルを買い、庭《にわ》に放《はな》してお客さんがそれをながめて楽しんだそうだよ。

それに中国の南部《なんぶ》にはタイワンマドボタルなどの光の強いホタルがいるから、それだと数は少なくても大丈夫《だいじょうぶ》だ。

それとね、昔《むかし》の本は字が大きかったから、ぼーっとしたうす明かりでも十分読めたんだろう。今の本や新聞《しんぶん》なんかはずいぶん字が小さいから、ホタルの光の下で読むのは難《むずか》しいかもしれないね。

南アメリカにはヒカリコメツキという大型《おおがた》の光る甲虫《こうちゅう》がいる。3、4センチもあるコメツキムシだけど、これなんか、新聞の上に置《お》くと、1ぴきでも字が読めるくらい明るいよ。

南アメリカの人は、サンダルにこの虫をつけて、夜道を歩いたそうだ。

懐中電灯《かいちゅうでんとう》なら手で持《も》つ必要《ひつよう》があるけれど、サンダルのつま先に光る虫がついているほうが、足元がよく見えて歩きやすいかもしれないね。つま先にLEDのついた靴《くつ》があったら便利《べんり》だなあ。

世界《せかい》には いろいろなホタルが いるんだね
ピカ ピカ
ぼくのほうが光が強いよ!
そりゃ
タイワンマドボタル〈中国《ちゅうごく》 南部《なんぶ》〉
ピカ
どうだ
ピカーーッ
オレのほうが もっと明るいぜ
ヒカリコメツキ〈南《みなみ》アメリカ〉
暗《くら》い夜道に これは 便利《べんり》だ

アリ①

アリの子をさらうアリ

南フランス、プロヴァンス地方の私《わたし》の研究《けんきゅう》所《じょ》には、広い庭《にわ》がある。私《わたし》は長いあいだ苦労《くろう》し、働《はたら》きづめに働《はたら》いて、やっとこの土地を手に入れたんだ。

はじめて私《わたし》がここを見たときには、とげだらけのアザミやヤグルマギクの仲間《なかま》がしげりほうだいに生《お》いしげっていた。それで私《わたし》はこの庭《にわ》に「アルマス」という名前をつけたんだ。それは、プロヴァンス地方の言葉《ことば》で「荒《あ》れ地」という意味《いみ》だよ。

もちろん「荒《あ》れ地」だから、豊《ゆた》かなブドウ畑《ばたけ》のような値打《ねう》ちはない。だけど、私《わたし》にとってここはすばらしい場所《ばしょ》なんだ。

たしかに、作物《さくもつ》もあまり実《みの》らない土地だけれど、ハチやチョウやハナムグリなんかがいっぱい花に飛《と》んでくる。虫にとっては天国みたいなところだ。だから私《わたし》にとっても天国なんだよ。

ここで一番数が多い虫は、アリの仲間《なかま》だろうね。6、7月になると、午後の暑《あつ》い時間にアカサムライアリが大行列《だいぎょうれつ》をつくって行進《こうしん》していくのがよく見られる。

行列《ぎょうれつ》のはばは20〜30センチ、長さは5〜6メートルもある。だからアリの数はものすごいよ。

アリたちは小道を横切《よこぎ》り、芝草《しばくさ》の中をつっきり、枯《か》れ草の中にもぐったかと思うと、そのむこうにまた姿《すがた》を現《あらわ》し……という具合《ぐあい》にずんずん進《すす》んでいく。

目的地《もくてきち》はどこかというと、クロヤマアリというほかのアリの巣《す》なんだ。

クロヤマアリの巣《す》を見つけると、どんどん中に入っていき、地中の大部屋《おおべや》に侵入《しんにゅう》する。巣《す》の中は大騒《おおさわ》ぎだ。

もちろん、クロヤマアリたちは必死《ひっし》に抵抗《ていこう》するんだが、アカサムライアリにはとてもかなわない。

といっても、アカサムライアリがクロヤマアリを殺《ころ》すようなことはない。大あごでくわえると、ただ巣《す》から放《ほう》りだすだけなんだ。そして、そこにあるクロヤマアリの白いまゆをくわえて、帰り道をまた行進《こうしん》していく。

アカサムライアリたちは、そのまゆを自分たちの巣《す》に保存《ほぞん》しておくんだ。それからどうなると思う？

アカサムライアリ

大きなアリでヨーロッパにすむ。日本には同じ仲間《なかま》の「サムライアリ」がいる

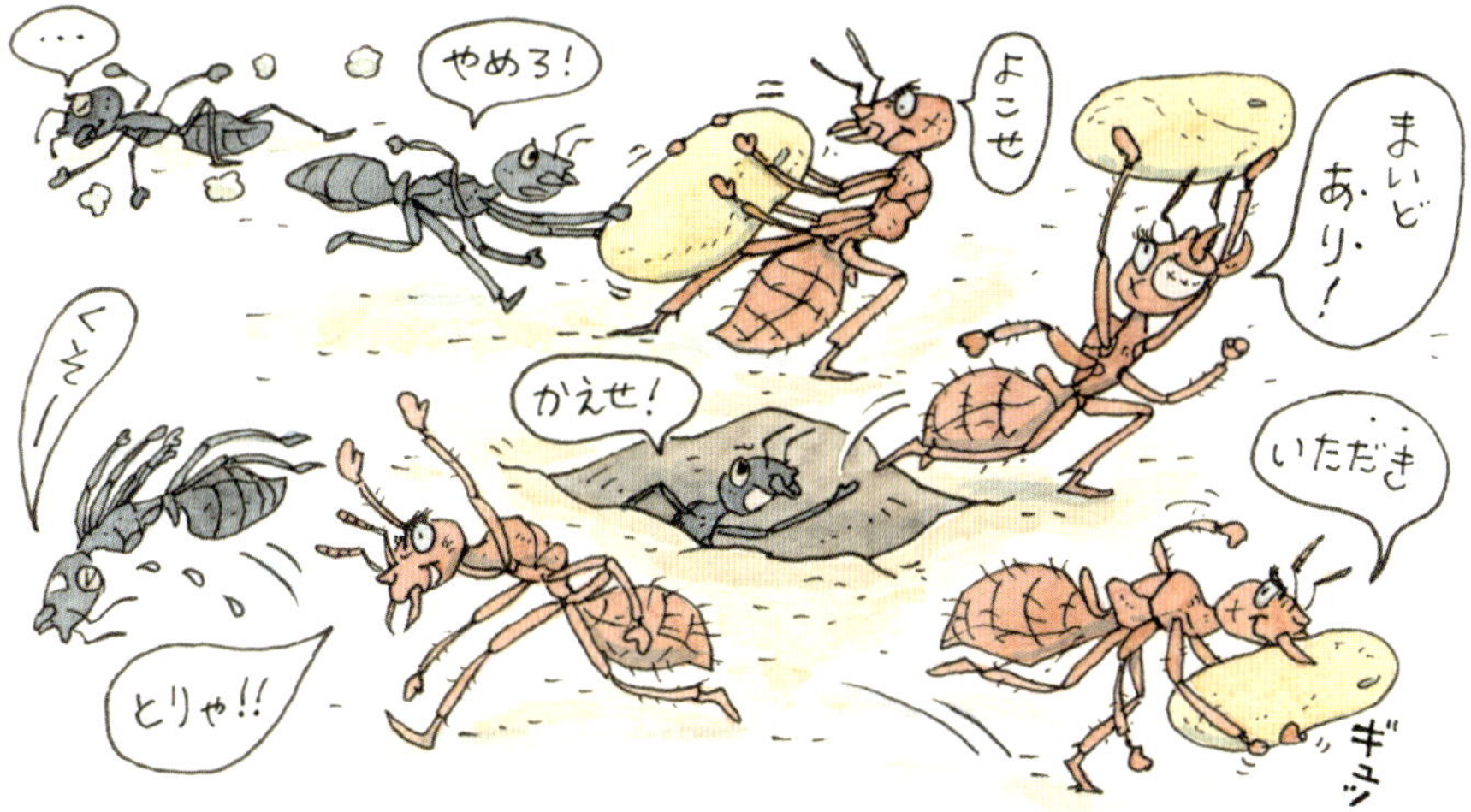

アカサムライアリはクロヤマアリを殺《ころ》さず、まゆだけをうばいさる

アリ②　さらわれてきた子

アカサムライアリの巣《す》に運《はこ》びこまれたクロヤマアリのまゆからは、やがて成虫《せいちゅう》のアリが羽化《うか》してくる。それはもちろんクロヤマアリだ。

「大変《たいへん》、ここは敵《てき》の巣《す》だ！　逃《に》げろ！」とクロヤマアリたちは大あわて……と思うだろう？

ところが、そうじゃない。まゆから出てきたクロヤマアリたちは、自分たちがアカサムライアリの子どもだとすっかり思いこんでいるようなんだ。

そして敵《てき》の巣《す》の中でせっせと働《はたら》きはじめる。アカサムライアリの幼虫《ようちゅう》の世話《せわ》をし、巣《す》の中をそうじしてきれいにし、食べ物《もの》を集《あつ》めてくるんだよ。

じつは、クロヤマアリの働《はたら》きはそれ以上《いじょう》だ。食べ物《もの》をアカサムライアリの口まで持《も》っていって、「はい、あーん、もぐもぐ」と食べさせてやるんだから。

目の前に食べ物《もの》があっても、食べさせてくれるどれいがいないと飢《う》え死《じ》にするなんて、アカちゃんにもあきれたもんだ。

アカサムライアリは、クロヤマアリの巣《す》に侵入《しんにゅう》したとき、成虫《せいちゅう》を殺《ころ》さないで放《ほう》りだすだけだったよね。それはクロヤマアリを殺《ころ》して巣《す》を全滅《ぜんめつ》させてしまうと、自分たちが困《こま》るからなんだ。まゆだけとって帰って、クロヤマアリの子どもがまた生まれてくるのを待《ま》つというわけ。

ところで、このアカサムライアリにはもっとすごいことができるんだよ。何だと思う？

それはね、遠いところにあるクロヤマアリの巣《す》から、またもとの自分たちの巣《す》まで迷《まよ》わずに帰るということだよ。

小さな体のアリにとって、たとえば１００メートルだって、大変《たいへん》な距離《きょり》じゃないか。それにちょっとした芝生《しばふ》も、アリにとっては大ジャングルだ。

１センチのアリにとって１００メートルは体長の１万倍《ばい》。身長《しんちょう》１５０センチの人間にとっては、15キロメートルのジャングルだ。

その遠くはなれたところから、アカサムライアリたちは、まちがいなく自分の巣《す》に大きなクロヤマアリのまゆを抱《かか》えて帰ってくるんだ。いったいどうやっているんだろう。

羽化《うか》したクロヤマアリのためにせっせと働《はたら》く

アリ③

アリの行進《こうしん》

そもそもアカサムライアリは、どのくらい遠くまで行進《こうしん》していくんだろう？

それは自分の巣《す》から目的《もくてき》のクロヤマアリの巣《す》までの距離《きょり》によって決まるわけだ。だからアカサムライアリの巣《す》から10メートルか20メートルということもあれば、１００メートル以上《いじょう》ということもある。

アカサムライアリの行列《ぎょうれつ》は、とちゅうにどんな障害物《しょうがいぶつ》があっても、それをさけようとせず、どんどん進《すす》んでいく。

そして帰りもかならず、行きと同じ道を通るんだ。来るとき曲《ま》がりくねった道を通ったら、帰りもそのとおりに曲《ま》がるし、障害物《しょうがいぶつ》をのりこえたら、帰りにもそのとおりにする。

枯《か》れ葉《は》1枚《まい》だって、アリにとってそれをのりこえるのは大変《たいへん》なことだ。

自分の体長の10倍《ばい》もある枯《か》れ葉《は》というのは、人間でいえば、学校の教室二つ分ほどの大きさの、ぼこぼこぎざぎざしたトタン板《いた》みたいなものだよ。そんなのわざわざのりこえなくても、横《よこ》を歩けばそれでいいのに、アリはバカ正直によいしょ、よいしょ、とみんなで上ったり下りたりするんだ。

もっとバカなこともある。

あるとき、金魚のいる池のふちをアカサムライアリが行進《こうしん》しているのを私《わたし》は見たことがあるんだ。

ちょうど強い北風が吹《ふ》いている日で、風がぴゅっと吹《ふ》きつけたとたんに、アリたちが何びきもぱらぱらっと池に落《お》ちた。金魚の群《む》れがそこに寄《よ》ってくると、うまそうにぱくぱく食べてしまった。

アリの身《み》になって考えてごらん。断崖絶壁《だんがいぜっぺき》の下の水中に、クジラのように巨大《きょだい》な真《ま》っ赤《か》な魚が大口を開《あ》けて、自分たちを飲みこもうと待《ま》ちうけているんだよ。なんておそろしいんだろう。足がすくんじゃうよね。

それなのに、アカサムライアリたちはやっぱり池のふちを、クロヤマアリの大きなまゆをくわえたまま通るんだ。金魚は大もうけだ。だってアカサムライアリとクロヤマアリのまゆの両方《りょうほう》にありつけるんだからね。

とにかくこのアカサムライアリは、行きに通った道をかならず通って帰ると決《き》めているみたいなんだ。

行き

アカサムライアリの行列《ぎょうれつ》は
どんな障害物《しょうがいぶつ》があっても
それをよけずに進《すす》んでいく

帰《かえ》り

どんなに困難《こんなん》であっても
かならず同じ道をもどる

アリ④

アリの通り道

アカサムライアリの行列《ぎょうれつ》をずっと見《み》はっていようと思ったんだけど、私《わたし》には時間がない。ほかにも観察《かんさつ》したい虫がいろいろいるんでね。それで六つになる孫娘《まごむすめ》のリュシーに見《み》はり番《ばん》をたのむことにした。この子はかわいい、かしこい子なんだ。私《わたし》の仕事《しごと》を手伝《てつだ》ってくれる。

アリの話をしてやると、目をかがやかせて聞いていた。虫が好《す》きなんだね。

「赤いアリの行列《ぎょうれつ》を見《み》はって、どこをどう通って黒いアリの巣《す》に入っていったか、教えてくれるかい？」

「うん、いいよ！」

それから何日かたったある日、私《わたし》が『昆虫《こんちゅう》記《き》』の文章《ぶんしょう》を書いていると、「トントン」と研究室《けんきゅうしつ》のドアをノックする音がした。

「おじいちゃん、早く早く！　赤のアリが黒のアリの巣《す》に入っていったよ！」

「そうか。ありがとう。それでどこを通ったかわかるの？」

「わかってる。しるしつけといたから」

「えっ？　どうやったんだい？」

「親指小僧《おやゆびこぞう》のお話みたいにやったの。道に白い小石をならべといたのよ」

「ほう、そうか。えらいぞ」

親指小僧《おやゆびこぞう》の話は、フランスの詩人《しじん》ペローの童話《どうわ》に出てくる。昔《むかし》、フランスの貧《まず》しいきこりの夫婦《ふうふ》は、悪天候《あくてんこう》で作物《さくもつ》が実《みの》らず、食べるものがなくて困《こま》ってしまった。それで夫婦《ふうふ》は、みんなで飢《う》え死《じ》にするくらいならいっそ、子どもたちを森にすてようと、話しあったんだ。

一番《いちばん》年下で小さい「親指小僧《おやゆびこぞう》」とよばれていた男の子は、眠《ねむ》ったふりをして親の話を聞いていた。それでポケットに白い石をつめておき、森につれていかれるときに、道みち、それを落《お》としていったんだ。で、帰りはそれをたどってちゃんと家にもどれたわけだ。

リュシーはこの話を覚《おぼ》えていて、白い石を用意《ようい》していたんだね。アリの行列《ぎょうれつ》のあとにこの石を置《お》いていった。だからアカサムライアリの通り道がよくわかる。

さて、どんな実験《じっけん》をしようか。じつはそのアイデアはもういくつも用意《ようい》してあったんだ。私の頭の中にも白い石がつまっていたというわけさ。

ファーブル先生の孫娘《まごむすめ》リュシーは
ある日　赤いアリが　黒いアリの
巣《す》に入ったのを知らせてくれた

アリ⑤

道を切断《せつだん》する実験《じっけん》

私《わたし》はまず、アリがにおいのようなものを出していて、それをたよりに行列《ぎょうれつ》を作っているのではないかと考えた。

そこで、アリの通った道の土を、はば1メートルぐらいほうきではいて、取《と》りのぞいた。そしてその部分《ぶぶん》に、よそからスコップで持《も》ってきた土を、かわりにまいておいたんだ。

もし、アリの通路《つうろ》の土に、アリのつけたにおいがしみこんでいるのだとしたら、そのにおいがなくなるわけだから、アリは道に迷《まよ》うはずだ。それで、数歩おきに4か所《しょ》、アカサムライアリがはじめに通った道すじを切断《せつだん》してみた。

さあ、どうだ。帰り道をじゃまされたアリの行列《ぎょうれつ》は、自分たちの巣《す》にもどれるだろうか。

まず最初《さいしょ》の切れ目にさしかかった。アリたちは困《こま》っている。行ったり来たり、行列《ぎょうれつ》の前のほうを調《しら》べに行くもの、後ろのほうを見に行くもの、みんなばらばらに行動《こうどう》している。

ふつうに行進《こうしん》しているときには、20〜30センチだった行列《ぎょうれつ》のはばが、3〜4メートルぐらいに広がってしまった。

あとからあとからやってくるアリの群《む》れで、道の切れ目のところがふくれあがった。もういっぱいだ。

やがて、何びきかのアリが表面《ひょうめん》の土をとりかえた部分《ぶぶん》にあしをふみだした。

そのうちに、ぐるっと大回りをして切れ目をこえるものも出てきた。そして、来るときに通った道を見つけたようだ。「やった!」。みんながそのあとにつづく。こうして帰り道がつながったわけだ。

次《つぎ》の切れ目のところでも、アリたちは同じように、帰り道を発見《はっけん》。無事《ぶじ》に自分たちの巣《す》にもどることができたんだ。

実験《じっけん》の結果《けっか》からすれば、アリがやはりにおいにみちびかれている、という考えは正しいのかもしれない。

道を切断《せつだん》されたところで、アリたちはずいぶん迷《まよ》った。それでもちゃんと、もとの道をたどることができたのは、ほうきではいたところに、ひょっとしたら、においのしみこんだもとの土が、ほんの少しばかり残《のこ》っていたからだろうか。

アリの道をじゃまする実験《じっけん》

もとの土をどかして新しい土をまき、においを消《け》してみる

迷《まよ》いながらもアリは帰り道を見つけた

アリ⑥

水で洗《あら》い流《なが》す実験《じっけん》

行きに通った道をほうきではいてみたが、アリは迷《まよ》いながらも、もとの道をたどることができた。もしかしたら、においのしみついた土のつぶか何かが残《のこ》っていたのかもしれない。

「よし、それなら、においを水で洗《あら》い流《なが》してやろう」

庭《にわ》に水をまくためのホースを持《も》ってくると、私は、アリの道を横切《よこぎ》るように勢《いきお》いよく水を流《なが》してやった。1メートルのはばで道の土が流《なが》されていく。

たっぷり15分間。こうしてはげしく流《なが》してから、水の勢《いきお》いをゆるめ、流《なが》れのはばを細くした。こんな川をアリは渡《わた》ろうとするだろうか。

クロヤマアリのまゆをかかえて、ここまでもどってきたアカサムライアリたちは、水の流《なが》れにとまどっている。

後ろのほうのアリも追《お》いついてきて、アリの行列《ぎょうれつ》が大きくふくらみはじめた。

そのうちに流《なが》れる水の上に、とび石のように出ている小石のつぶをたどりながら、アリたちは浅《あさ》い川を渡《わた》りはじめた。

やはり、どうあっても、もとの道をたどるんだ。すごい執念《しゅうねん》だ。いや、それとも何も考えてはいないのか。

足場の小石のつぶがもうない、というところで、勇敢《ゆうかん》なアリたちが水に入った。

「あっ、流《なが》されていく！」

それでもクロヤマアリのまゆはくわえたままはなさずに、あっぷあっぷ、浮《う》きつ沈《しず》みつ流《なが》されて、また土の上にのりあげた。

この川にはわらの切れはしやオリーブの葉《は》もまじっている。アリたちはそんなものをつたって、とうとう流《なが》れを渡《わた》りきってしまったよ。これには私《わたし》も感心《かんしん》した。

流《なが》れを渡《わた》れば、あとはもう、いつもと同じだ。まるで何ごともなかったかのように行列《ぎょうれつ》がつづいていく。

あれだけ水で洗《あら》い流《なが》したんだから、もうにおいは残《のこ》っていないはずなのに……いや、待《ま》てよ、もしかしたら私《わたし》が考えている以上《いじょう》に、アリは強いにおいを出しているのかもしれないぞ。

アリがにおいをたどっているという可能性《かのうせい》は、まだまだすてられないな。

水で洗《あら》い流《なが》す実験《じっけん》

アリ⑦

ありとあらゆる実験《じっけん》

行きの道をホースの水で洗《あら》い流《なが》しても、アリはちゃんともとの道を見つけだした。もしかしたら水で流《なが》してもかんたんには消《き》えない、特別《とくべつ》な強いにおいを出しているんじゃないか。

たとえばアリは、おしりの先から「蟻酸《ぎさん》」というツンとしたにおいの毒液《どくえき》を出す。それとは別《べつ》に、人間には感《かん》じられなくてもアリにはかぎつけられるような、特別《とくべつ》なにおいがあるのかもしれない。

「よし、もっと強いにおいで、アリの出すにおいをうち消《け》してやろう」

私《わたし》はアルマスの庭《にわ》にある強いにおいを出すもの……と考えて、ハッカをとってきた。いい香《かお》りのするハッカの葉《は》っぱで、アリの通り道をこすってみる。そして何枚《なんまい》ものハッカの葉《は》っぱをそのまま道に置《お》いてやったんだ。

ハッカでこすった場所《ばしょ》に来ても、アリは少しもためらわない。そのままスタスタと通り過《す》ぎる。やっぱりにおいじゃないのか……。

そこで今度《こんど》は、道の景色《けしき》を変《か》える実験《じっけん》をしてみた。

アリの道に新聞を広げて、風で飛《と》ばないよう、小石を四すみに置《お》いた。アリの目から見ると、どんなだろう。巨大《きょだい》な体育館《たいいくかん》の屋根《やね》のような紙が地面《じめん》をおおって、道はだいぶ先までかくされている。

アリはずいぶん迷《まよ》っている。新聞紙の両側《りょうがわ》にまわってみたり、前や後ろに行ったり来たりしてみたあと、とうとう新聞紙の上をどうどうと歩いて渡《わた》ってしまった。

次にアリの道に黄色い砂《すな》をまいてみた。地《じ》面《めん》は白っぽいので、突然《とつぜん》黄色い砂《すな》のまかれた場所《ばしょ》に来て、アリは迷《まよ》っている。それでもやがて渡《わた》りきったよ。

こうしていろいろな実験《じっけん》をした結果《けっか》、アリは道の見た目が変《か》わるたびに迷《まよ》っているような気がした。つまり、においより、景色《けしき》を目で見て判断《はんだん》しているのではないかと、私《わたし》には思えたんだ。一度《いちど》通った場所《ばしょ》を覚《おぼ》えていて、だから、新聞紙をかぶせられたり、黄色い砂《すな》をまかれたりした場所《ばしょ》で、あんなに困《こま》っていたんじゃないだろうか。

ハッカの葉《は》実験《じっけん》

強いにおいにも
ためらわずに通りぬけた

広げた新聞実験《じっけん》

ずいぶん迷《まよ》って渡《わた》りきった

黄色い砂《すな》実験《じっけん》

少し迷《まよ》ったが渡《わた》りきった

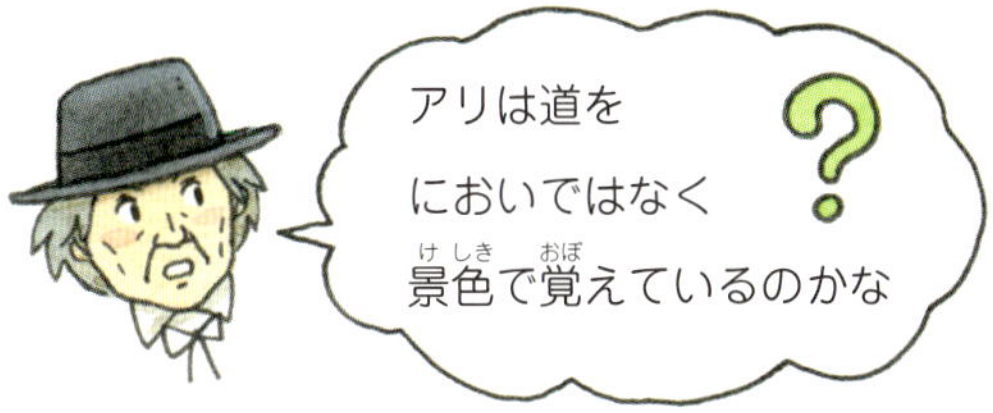

アリ⑧ 道しるべフェロモン

結局《けっきょく》、アリはいったい何をたよりにして遠くから巣《す》までもどってくるのか……。

私《わたし》はにおいよりも視覚《しかく》にたよっているのではないかと考えたけれど、やっぱりそうとも言いきれない。結論《けつろん》を出すことはひかえておいた。

でも、現代《げんだい》ではたくさんの人の研究《けんきゅう》によって、さまざまなことがわかっているようだ。

まず、アリがフェロモンを使《つか》っているということ。

アリは道を歩きながら、おしりの先をときどきちょんと地面《じめん》につけて、道しるべになる、記憶《きおく》のための物質《ぶっしつ》を出しているんだ。これを「道しるべフェロモン」という。

道しるべフェロモンはごくごく少量《しょうりょう》ですごいはたらきをするんだ。

たとえばハキリアリの場合、このフェロモンが、わずか0・33ミリグラムあったら、なんと地球《ちきゅう》1周分《しゅうぶん》の道しるべができるんだ。

1ミリグラムは1000分の1グラムだ。だから0・33ミリグラムは、0・00033グラムになる。

たった0・00033グラムで、地球《ちきゅう》1周《しゅう》分《ぶん》の距離《きょり》、つまり約《やく》4万キロメートルの道しるべができ、アリはそれをかぎつけることができるというんだよ。おどろくじゃないか。

だから、ほうきではいても、水で流《なが》しても、わずかに残《のこ》っているフェロモンをたよりに、アリは道をたどることができるんだね。

しかもこの道しるべフェロモンは、アリが巣《す》に帰りついたころ、蒸発《じょうはつ》して消《き》えてしまうんだよ。もしいつまでも残《のこ》っていたら、そこらじゅう道しるべだらけでアリは困《こま》ってしまうところだ。時間がたつと消《き》えるからいいんだね。

次《つぎ》には、アリの種類《しゅるい》にもよるけれど、アリはやはり目で見て景色《けしき》を覚《おぼ》えているらしい。そういう種類《しゅるい》のアリは大きな目をしているね。アカサムライアリは目が大きいほうだから、新聞紙や黄色い砂《すな》のところで困《こま》っていたのかもしれない。

科学《かがく》はずいぶん進歩《しんぽ》して、いろいろなことがわかるようになった。でも、これからはきみたちがもっと進歩《しんぽ》させせるんだよ。

現代《げんだい》ではアリの道しるべについていろいろとわかっている

①「フェロモン」を使《つか》っている

②「目で見て」覚《おぼ》えている

ファーブル先生の
写《しゃ》 真《しん》 帳《ちょう》 ③
アルマスの庭《にわ》など

ファーブルは、幼《おさな》いときから南フランスの各地《かくち》を次《つぎ》つぎと転居《てんきょ》してきましたが、55歳《さい》のとき、セリニャン村にやっと念願《ねんがん》の土地と研究室《けんきゅうしつ》を手に入れました。そして、ここを「アルマス（荒《あ》れ地《ち》）」と名づけ、昆虫《こんちゅう》の観察《かんさつ》と執筆《しっぴつ》をおこないました。

研究室《けんきゅうしつ》のある建物《たてもの》（2階《かい》に研究室《けんきゅうしつ》がある）

アルマスの中庭《なかにわ》

アルマスの庭《にわ》の小道

アルマスの庭《にわ》の泉水《せんすい》

研究室《けんきゅうしつ》のすぐとなりにある温室《おんしつ》

アルマスの門

ハチの飼育装置《しいくそうち》

村の洗濯場《せんたくば》

アルマスの庭《にわ》の畑《はたけ》

オトシブミ①

虫のロールキャベツ

夏の山道を歩いていると、いろいろな鳥の声が聞こえてくるね。

一番聞きとりやすいのは「カッコウ」という声だ。こんなふうに鳴く鳥は、鳥自身《じしん》も「カッコウ」と呼《よ》ばれている。

同じ仲間《なかま》の鳥にホトトギスというのがいる。日本ではとても有名な鳥だそうだね。きみも名前を聞いたことがあるだろう。

ではね、「ホトトギスの落《お》とし文《ぶみ》」って何だか知っているかな?

それは初夏《しょか》の山道なんかに落《お》ちている、小さなロールキャベツみたいなもののことなんだ。

「落《お》とし文《ぶみ》」というのは、だれが書いたかわからないように、わざと道の上に落《お》としておく手紙のことだけど、昔の人は、このミニチュアのロールキャベツみたいなものを見て、「ホトトギスが作った落《お》とし文《ぶみ》」と、しゃれた名前をつけたんだ。

植物《しょくぶつ》の葉《は》っぱをしっかり巻《ま》いて作ってある。開《ひら》いてみると、折《お》りたたんで巻《ま》いた葉《は》っぱの中から小さな卵《たまご》が出てくるよ。

この卵《たまご》から幼虫《ようちゅう》がかえって、ロールキャベツに保護《ほご》されながら、少しずつその葉《は》を食べていくんだ。つまり、幼虫《ようちゅう》はお菓子《かし》の家にすんでいるようなものさ。

これを作ったのはもちろんホトトギスじゃない。昆虫《こんちゅう》なんだ。

さあ、私《わたし》といっしょに森へ行こう。かさを持《も》ってついておいで。

ハシバミの木があったぞ。この木の実《み》はチョコレートの中によく入っている。英語《えいご》ではヘーゼルナッツと言ってるね。

今から私《わたし》のすることを見ておいで。

こうやってかさをさかさにして……ステッキでハシバミの枝《えだ》をたたくんだ。えい、えい、と。ほら、落《お》ちてきた。

このかさを使《つか》った採集法《さいしゅうほう》では、葉《は》っぱのうらや枝《えだ》の先にとまっている小さな虫が、いろいろ落《お》ちてくるからおもしろいよ。

さあ、この血《ち》のしずくのように赤い虫が、私《わたし》のさがしていたハシバミオトシブミだ。小さいけれどきれいな虫だろう? これがあのロールキャベツを作ったんだ。次《つぎ》は、それを作るところを観察《かんさつ》しよう。

ハシバミオトシブミ

頭は黒く体はあざやかな赤色《あかいろ》をしている。ハシバミやハンノキの葉《は》に卵《たまご》を産《う》みつけてロール状《じょう》に巻《ま》く

オトシブミ②

ロールキャベツの作りかた

ハシバミオトシブミは、どうやって、あのミニロールキャベツを作るのか、私《わたし》は林の中で観察《かんさつ》してみたんだ。

ハシバミの葉《は》っぱは、オトシブミの体とくらべるとずいぶん大きい。

大広間のじゅうたんが空中にぶらさがっているようなもんだね。

オトシブミがそれにとまっているところは、人間でいえば高層《こうそう》ビルの建築現場《けんちくげんば》の高いところで作業《さぎょう》している感《かん》じだ。

人間の作業員《さぎょういん》が足をすべらせたら、落下《らっか》して死《し》んでしまう。でもオトシブミは平気《へいき》だ。あしの先にかぎづめがあるし、その根《ね》もとに毛の生えた平《ひら》たい部分《ぶぶん》があってぺたぺたくっつくんだ。

それに、もし万が一落下《らっか》しても、体が小さくて軽《かる》いから、空気の抵抗《ていこう》もあるし、ショックはないんだよ。10センチの高さから落《お》ちるのも、10メートルの高さから落《お》ちるのも、こんな小さな虫にとってはほとんど同じことなんだ。

ぶ厚《あつ》い、ごわごわしたかたい葉《は》をどうやって巻《ま》くか。それにはコツがある。

私《わたし》が見ていると、葉《は》っぱのつけ根《ね》に近いところを、片側《かたがわ》から、横《よこ》にジョキジョキ切りはじめた。

この虫の口の先をくわしく見ると、はさみのようにするどくなっている。なるほど、よくできている。

こうして切れこみを入れると、葉《は》がしんなりとしなびてやわらかくなってきた。葉脈《ようみゃく》をかみ切って、木の枝《えだ》から送《おく》られてくる水分をとめたんだね。これなら加工《かこう》しやすい。

切られた葉《は》っぱは自然《しぜん》にたれさがる。このたれさがった葉《は》を、表《おもて》のほうが内側《うちがわ》になるように二つ折《お》りにして、今度《こんど》は先のほうからくるくると巻《ま》きはじめた。ハシバミの葉《は》はすっかりやわらかくなっているから、折《お》り紙がやりやすいんだ。

ロール巻《ま》きの上の口は、葉《は》っぱの残《のこ》りの部《ぶ》分《ぶん》でふたをし、下の口は、ロールのへりを折《お》り曲《ま》げてふたをする。

小さなロールキャベツは枝《えだ》についたまま、風にふかれてゆれている。この中にオトシブミの卵《たまご》が産《う》みつけられているから、木《こ》の葉《は》のゆりかごだね。

ハシバミオトシブミのロールキャベツの作りかた

①葉《は》の根《ね》もとの近くを横《よこ》に切る

②内側《うちがわ》に二つ折《お》りにする

③先のほうから巻《ま》きはじめる
（巻く前に卵《たまご》を産《う》みつける）

④ロールの上下をとじる

⑤ロールキャベツの完成《かんせい》

オトシブミ③ 幼虫《ようちゅう》のごはん

オトシブミのゆりかごは、ハシバミの枝《えだ》にくっついて風にゆらゆらゆれている。でも、親の虫がゆりかごを切りおとす種類《しゅるい》もあるんだ。山道に落《お》ちていたのは、そうして落《お》とされたものだったんだね。

開《ひら》いてみると、あれれ、ゆりかごの中はすっかり食われ、もうくさりかけてぼろぼろだ。卵《たまご》からかえった幼虫《ようちゅう》が巻《ま》いた葉《は》を食べてしまったんだよ。

そこで私《わたし》は、作られて間もないゆりかごをたくさん取《と》ってきて、しばらく置《お》いておいた。

やがて、ぼろぼろのゆりかごから、真《ま》っ赤《か》な服《ふく》を着《き》たような成虫《せいちゅう》が出てきた。

ずいぶん早く成虫《せいちゅう》になるものだ。この虫たちはこれからどうやって暮《く》らしていくんだろう。

たぶん寒《さむ》くなったら、木の皮《かわ》の下などにかくれて冬を越《こ》すんだろう。古い木の皮《かわ》などをはがしてみると、冬でもこの虫が見つかることがあるからね。

ところで、オトシブミにはたくさん種類《しゅるい》がある。たとえばアシナガオトシブミは、フランス産《さん》のヒイラギガシという小さなかたい木の葉《は》でゆりかごを作るんだ。

私《わたし》の住《す》んでいる南フランスは日本とちがって、夏は雨が降《ふ》らずひどく空気が乾燥《かんそう》する。だから、山道に落《お》ちているアシナガオトシブミのゆりかごは、かわいてぱりぱりになっていた。ちょっと指に力を入れるとくだけてしまいそうだ。

中を開《あ》けてみると幼虫《ようちゅう》がいた。でも、びっくりするぐらい小さいんだ。

幼虫《ようちゅう》ははじめ、真新《まあたら》しいゆりかごの中身《なかみ》をかじってこの大きさに育《そだ》った。葉《は》っぱがまだやわらかかったからね。

でもそのあとでゆりかごがぱりぱりになって食べられなくなったんだ。

だから、じっと待《ま》っているわけ。何を、だと思う？ そう、雨を待《ま》っているんだ。

私がこのかわいたゆりかごを水につけてしめらせてやると、やわらかくなったゆりかごを食べて、幼虫《ようちゅう》はちゃんと育《そだ》ったよ。

食べ物《もの》がないと中休みをして待《ま》つなんて、虫はすごい能力《のうりょく》をもってるね。

オトシブミは葉《は》の中で成虫《せいちゅう》になり…

木の皮《かわ》の下などで成虫《せいちゅう》のまま冬を越《こ》すようだ

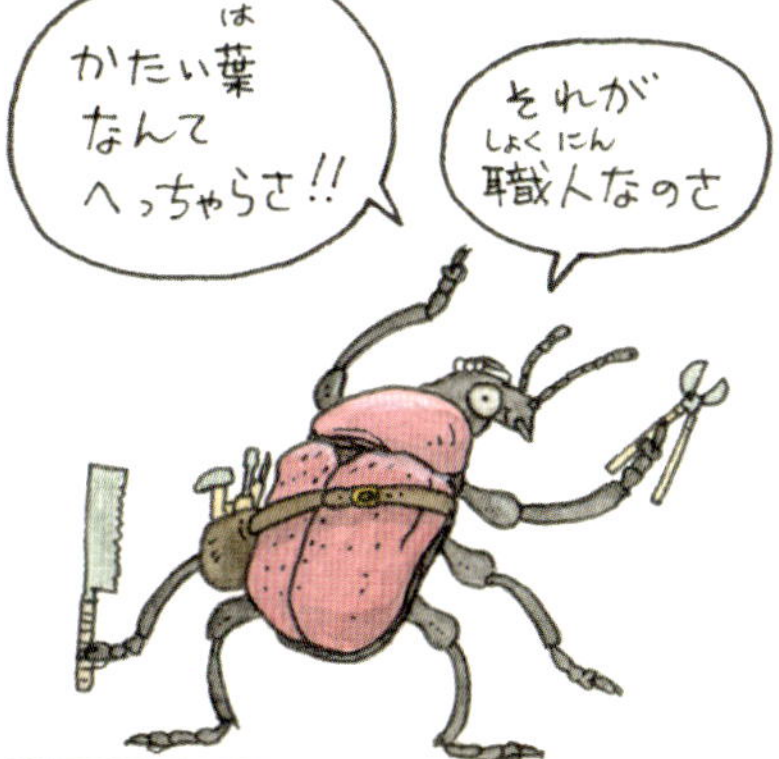

アシナガオトシブミ

あしが長く、赤い体はずんぐりして丸っこい。

ヒイラギガシのかたい葉《は》でゆりかごをつくる

乾燥《かんそう》した葉《は》っぱのゆりかごの中には小さな幼虫《ようちゅう》がいた

オトシブミ④

いろいろなオトシブミ

ではここで、あらためてハシバミオトシブミの姿《すがた》をよく見てみよう。

葉《は》っぱを巻《ま》いてゆりかごを作る習性《しゅうせい》のことは一度《いちど》忘《わす》れて、姿形《すがたかたち》から、どんなふうに暮《く》らす虫なのかを推理《すいり》してみるんだ。

まず、顔は長いよね。触角《しょっかく》はこん棒《ぼう》みたいだ。でもこの顔や触角《しょっかく》を見ても、これが何をする虫か、見当がつかない。

口はするどいね。細いもの、うすいものならかみ切れそうだ。この虫がハシバミの葉《は》の葉脈《ようみゃく》を傷《きず》つけて、木の枝《えだ》から送《おく》られてくる水分をストップさせ、葉《は》っぱをしんなり、やわらかくさせることを考えると、なるほど、と思うだろう。

あしは長くてよく折《お》れ曲《ま》がる。何よりも特《とく》徴《ちょう》があるのは、あしの先だ。そのかぎづめと、平《ひら》たくて毛深《けぶか》いあしのうらのぺたぺたした感《かん》触《しょく》で、この虫が、木の枝《えだ》などによじ登《のぼ》ることは想像《そうぞう》がつく。カミキリムシのあしとそっくりだ。この虫はカミキリムシと同じで、草食《そうしょく》性《せい》の虫なんだね。

肉食性《にくしょくせい》の虫だと、たとえばハンミョウみたいに、かみついたえものに逃《に》げられないように、するどいきばをもっているんだ。オトシブミの歯《は》はハサミ、ハンミョウの歯《は》はまるでオオカミの歯《は》っていうわけだ。

さて、これだけのことがわかったけれど、ここから、このオトシブミの仲間《なかま》が高い木の枝《えだ》であんなふうに葉《は》っぱを巻《ま》くなんて想像《そうぞう》できるかなあ。

首はわりあい長くて、自由《じゆう》によく動《うご》くし、器用《きよう》なのかもしれない。

でも、バラの葉《は》を利用《りよう》するヒメクロオトシブミとか、クリにつくゴマダラオトシブミのように、首がそんなに長くないオトシブミの仲間《なかま》だっているんだよ。

一方、ヒゲナガオトシブミとかハギツルクビオトシブミなんかは、けっこう長い首をもっているね。

上には上がいるもので、アフリカのそばの大きな島、マダガスカルには、あっとおどろくほど首の長いオトシブミの仲間《なかま》がいて、「キリンクビナガオトシブミ」という名がつけられている。これがいったいどんな仕事《しごと》をするのか、一度《いちど》見てみたいもんだね。

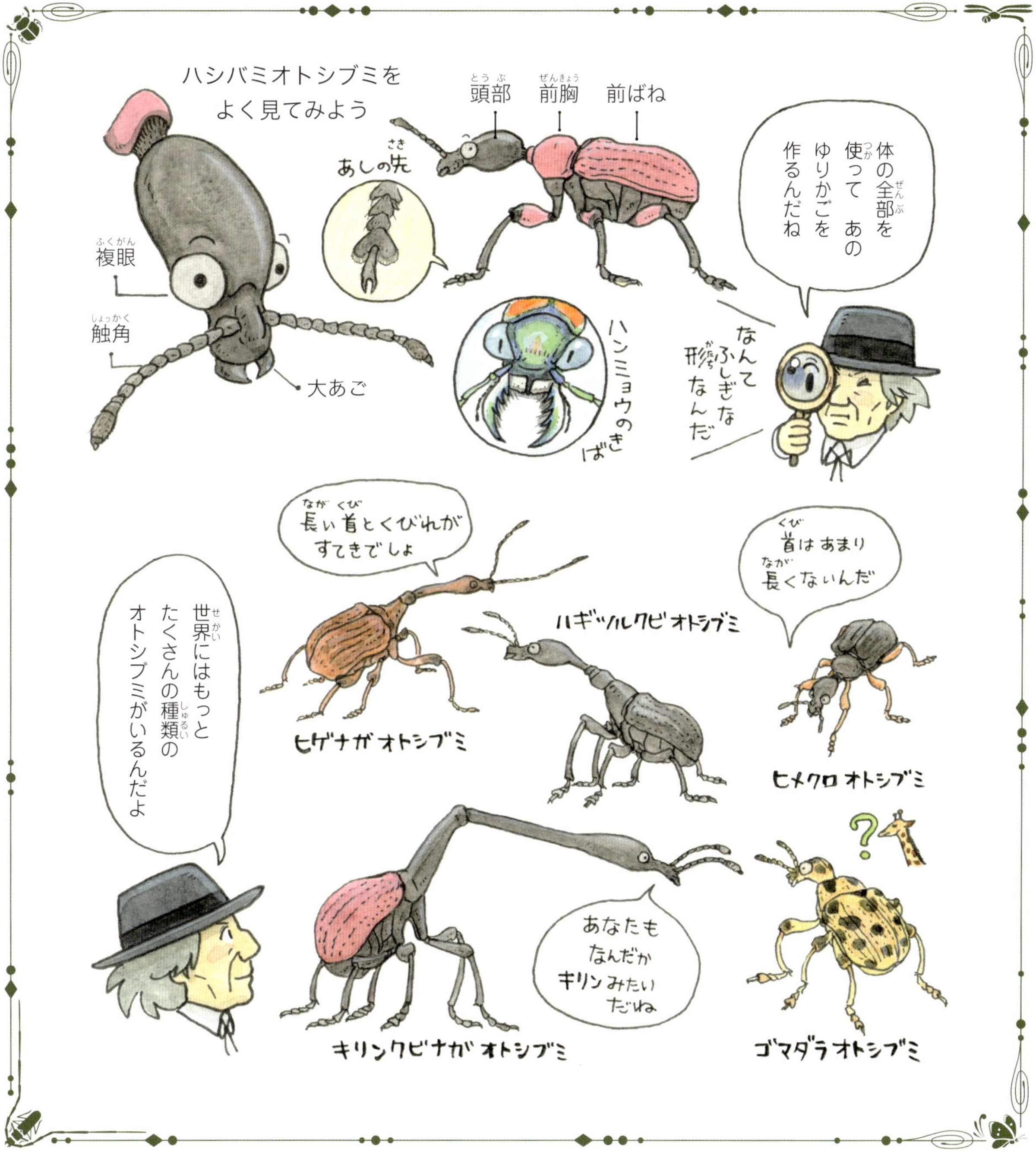
ハシバミオトシブミを
よく見てみよう
複眼《ふくがん》
触角《しょっかく》
大あご
あしの先《さき》
頭部《とうぶ》
前胸《ぜんきょう》
前ばね
体の全部《ぜんぶ》を
使《つか》って　あの
ゆりかごを
作るんだね
ハンミョウのきば
なんて
ふしぎな
形《かたち》
なんだ
長《なが》い首《くび》とくびれが
すてきでしょ
首《くび》はあまり
長《なが》くないんだ
ハギツルクビオトシブミ
世界《せかい》にはもっと
たくさんの種類《しゅるい》の
オトシブミがいるんだよ
ヒゲナガオトシブミ
ヒメクロオトシブミ
あなたも
なんだか
キリンみたい
だね
キリンクビナガオトシブミ
ゴマダラオトシブミ

ラングドックアナバチ①

キリギリスを狩《か》るハチ

えものを狩《か》って幼虫《ようちゅう》のえさにするハチの仲《なか》間《ま》を「狩《か》りバチ」と言っている。前にタマムシを狩《か》るツチスガリや、ゾウムシを狩《か》る別《べつ》のツチスガリのことを話したよね。今度《こんど》の狩《か》りバチはラングドックアナバチといって、コバネギスというキリギリスの仲間《なかま》をえものにするんだよ。

コバネギスはその名のとおり、羽がごく短《みじか》くて、ほんのちょっとしかない。でも、つかまえると、小さな羽をこすりあわせて「ギッ！」と鳴くよ。コバネギスはおなかのでっぷりした大きな虫で、この南フランスにはたくさんいる。虫の好《す》きな鳥からすれば、きっと栄養《えいよう》価《か》が高くておいしい食べ物《もの》だろう。

一方、ラングドックアナバチのほうは、この地方でもあまりいないハチなんだ。だからその生態《せいたい》を観察《かんさつ》するチャンスにはなかなかめぐまれない。

私《わたし》は、このハチがたまに姿《すがた》を現《あらわ》す谷間《たにま》の石にこしかけて、一日中《いちにちじゅう》ハチを待《ま》っていたことがある。

朝、仕事《しごと》に出かける3人の女の人が、じっと座《すわ》っている私《わたし》の姿《すがた》を遠くから、めずらしそうにながめながら通っていった。夕方、またその人たちが帰りに同じところを通りがかって、いよいよ変《へん》だというふうにじっと見ていた。そして、そのうちのひとりが十字を切って「かわいそうにねえ、頭がおかしいんだねえ」と言うのが聞こえた。

もちろん、私《わたし》は正気《しょうき》だ。ラングドックアナバチはこの場所《ばしょ》でよく狩《か》りをするんだが、ハチと約束《やくそく》しているわけじゃないから、その日は会えなかっただけなんだよ。

ある日、とうとうハチを見かけた。がけのとちゅうに穴《あな》をほっている。

ぽっかりと巣穴《すあな》が口を開《あ》けると、ハチはブーンと飛《と》びたった。

私《わたし》が10メートルほど追《お》いかけていくと、ハチは歩いたり、パーッと飛《と》んだりして何かを探《さが》している。そしてとうとうえもののコバネギスを見つけたようだ。

どうやらえものは、ますいをかけられて動《うご》けないらしい。でもあしの先や触角《しょっかく》はまだ、びりびりふるえている。ハチはますいをかけたあと、あらかじめほっておいた巣穴《すあな》の戸口《とぐち》を開《あ》けに来たわけだ。

前に話したツチスガリとはまた別《べつ》の狩《か》りバチの話をしよう

ラングドックアナバチ

フランスのラングドック地方のアナバチ。コバネギスを狩《か》って、幼虫《ようちゅう》のえさにする

コバネギス

キリギリスの仲間《なかま》で、体がでっぷりとしている。小さな羽をこすりあわせて「ギッギッ」と鳴く

昆虫研究家《こんちゅうけんきゅうか》の苦労《くろう》

生き物相手《ものあいて》なのでじっと待《ま》つしかない変《へん》な人と思われることも多かった

そんなある日とうとうハチを見つけた

ラングドックアナバチ②

えものを運《はこ》ぶ

ラングドックアナバチは、ますいをかけたえもののコバネギスを、巣穴《すあな》のあるところまで運《はこ》ぶことにしたようだ。

同じ狩《か》りバチの仲間《なかま》でも、ゾウムシを狩《か》るツチスガリの場合、ハチはえものを抱《かか》えて巣《す》までブーンと運《はこ》んでくるけれど、コバネギスは重《おも》すぎる。なにしろ、脂肪《しぼう》のかたまりみたいな、でっぷり太ったキリギリスの仲間《なかま》なんだ。

どうするかな、と見ていると、ハチはコバネギスの上にまたがった。そして、えものの触角《しょっかく》の根《ね》もとをくわえてあしをふんばり、引きずりはじめた。ときどきハチは、えものをくわえたままブーンとはばたく。すると飛行《ひこう》機《き》に引きずられたみたいに、えもののコバネギスも、つ、つーっと前進《ぜんしん》する。

でもそれは長続《ながつづ》きはしない。障害物《しょうがいぶつ》の石なんかもあるしね。とにかくコバネギスは重《おも》たいえものなんだ。

私《わたし》はコバネギスのしっぽの先にある産卵管《さんらんかん》をピンセットでつまんでみた。すると、ハチはあしをぐっとふんばり、コバネギスの触角《しょっかく》をくわえたまま、はなすもんか、とがんばっている。私《わたし》がえものを引っぱると、ハチもずるずる引っぱられてついてくる。

「ようし、これならどうだ」

私《わたし》ははさみで、コバネギスの触角《しょっかく》を切ってやった。

チョキン。

とつぜんえものが軽《かる》くなったので、ハチは「おっとっと」とふみとどまった。

ハチはそれでもまだしつこく、コバネギスの頭にほんの少し残《のこ》っている触角《しょっかく》をくわえて引っぱろうとする。

そこで私《わたし》はコバネギスの触角《しょっかく》を根《ね》もとからすっかり取《と》ってやったんだ。

ハチはえものの頭をあんぐりくわえようとするけど、つるつるしてすべるばかり。何度《なんど》も同じことをくりかえしている。

6本もあるあしや産卵管《さんらんかん》を引っぱればいいのに、どうしてそんなことにも気づかないんだろう。

ハチはしつこくえものの頭ばかり調《しら》べたあげく、とうとうあきらめて飛《と》びさってしまったよ。

ラングドックアナバチはコバネギスの触角《しょっかく》をくわえて引きずって運《はこ》ぶ
ズリズリ
重《おも》いわ
もし えものの触角《しょっかく》がなくなったらどうするだろう？
えものの触角《しょっかく》を切る実験《じっけん》
運《はこ》んでいるさいちゅうにはさみで触角《しょっかく》を切った
チョキンッ
おっとっと
あしを引っぱって運《はこ》べばいいのに
なぜ？
それでも…
触角《しょっかく》を根《ね》もとから取《と》ると…
やめたー
プーン
根《ね》もとをひっぱるわ！
カプッ
すべってつかめない
ツル

ラングドックアナバチ③

えものをかくす実験《じっけん》

今回はラングドックアナバチが、えもののコバネギスを無事《ぶじ》、巣穴《すあな》の中におさめるところを見てみよう。

ハチはえものを穴《あな》に入れると戸閉《とじ》まりをはじめた。巣穴《すあな》におしりを向《む》け、戸口《とぐち》の前の砂《すな》まじりの土を、まるで犬が穴《あな》をほるときのように、前あしで体の後ろ側《がわ》へ、さっさっとかき出している。砂《すな》の流《なが》れは、ホースの口から出る水みたいだ。

ときどきハチは砂《すな》つぶを大あごでくわえてほり出すと、戸口《とぐち》に置《お》いて土台のようにする。そしてひたいでとんとんとおし、大あごでたたく。こうやって入り口をかためるんだね。

ここで私《わたし》は、ひとつ、「いじわる実験《じっけん》」を思いついた。

いっしょうけんめい戸閉《とじ》まりをしているハチに、ちょっとわきにどいてもらい、ハチがせっかく閉《と》じた巣《す》の入り口をナイフを使《つか》ってほりかえしたんだ。

そしてピンセットで、中にいるえもののコバネギスを引っぱりだした。

ハチの卵《たまご》はえものの胸《むね》の上にちゃんと産《う》みつけられている。だから、戸口《とぐち》を閉《し》めたあとは、卵《たまご》からかえった幼虫《ようちゅう》がえものを食べていきさえすれば、ハチになることができるわけだ。

私《わたし》は、取《と》りあげたえものを自分の箱《はこ》の中にしまってから、横《よこ》で私《わたし》のすることを見ていたハチに場所《ばしょ》をゆずってやった。

さあ、こんなにほりかえされて、中のえものをうばわれた巣《す》を見たハチはどうするだろうか。

戸口《とぐち》が開《あ》いているのを見ると、ハチは巣《す》の中に入っていき、中でしばらくとどまっていた。

しばらくすると外に出てきて、なんと、また巣《す》の入り口に土をかけてふさぎはじめたじゃないか。

中に入って、えものがないことはわかっているんだから、戸閉《じ》まりなんかしてもむだなのに……。

でも、いったん戸を閉《し》めて、またえものをつかまえるのかもしれない。私《わたし》はそう思ったけれど、1週間《しゅうかん》たってこの同じ巣《す》をほってみても、中はやはり空《から》だった。

ハチは何を考えているんだろう。

えものをかくす実験《じっけん》

ハチは巣《す》に入れたえものに卵《たまご》を産《う》みつけ戸口《とぐち》をふさいでいた

ハチをどかして戸口《とぐち》を開《あ》けえものを取《と》りだした

横《よこ》で見ていたハチは巣《す》の中に入っていった

しばらくして外に出てくると空《から》の巣《す》の戸閉《とじ》まりをして飛《と》びさった

ラングドックアナバチ④ えもののとりかえ実験《じっけん》

　私《わたし》は、ラングドックアナバチがえものに針《はり》をさしてますいをかけるところを、なんとかして見たいものだと思っていたんだけど、なかなかその機会《きかい》がなかった。

　でも、ある年の八月のはじめのことだった。研究室《けんきゅうしつ》にいる私《わたし》のところに息子《むすこ》のエミールが走ってきた。

「パパ、大変《たいへん》。ハチがプラタナスの下でえものを運《はこ》んでいるよ。早く来て、早く！」

　私《わたし》がかけつけると、ハチがよく太ったコバネギスの触角《しょっかく》をくわえて、地面《じめん》をずるずる引きずっていくところだった。

　思わず私《わたし》は言った。

「ああ、元気なコバネギスがあれば、これととりかえて、実験《じっけん》ができるんだがなあ。今から探《さが》しに行ったって、コバネギスは見つからないだろうしなあ」

　するとエミールが、「コバネギスなら、ぼくが飼《か》ってるのがあるよ」と言うじゃないか。

　私《わたし》はうれしくてとび上がりそうになった。

「それを持《も》ってきてくれ！」

　そして、ハチのえものを取《と》りあげると、元気なコバネギスととりかえてみたんだ。

　ますいをかけたはずのえものが元気に動《うご》くのを見ると、ラングドックアナバチはたちまちとびかかった。大あごをぐわっとひらいてコバネギスの背中《せなか》をくわえた。それから横向《よこむ》きになって、しっぽの先を曲《ま》げ、その先の毒《どく》針《ばり》をえものの胸《むね》に向《む》けると、そのままブスリとさした。

　胸《むね》をさしたあと、今度《こんど》はコバネギスをおさえつけるようにして首の下を開《ひら》かせ、またさしたんだ。

　胸《むね》と首の下をハチにさされると、コバネギスの体からばたりと力がぬけ、あやつり人形のようにぐったりしてしまった。でも触角《しょっかく》は動《うご》かしているから、死《し》んではいない。

　胸《むね》と首の下に針《はり》をさすとえものの力がぬけてしまうことを、ハチはどうして知っているんだろう。親のハチに教えてもらったんだろうって？　このハチが成虫《せいちゅう》になったとき、親のハチはもう死《し》んでいたよ。ハチは親には会えないんだ。

なかなか
ハチが
狩《か》りをする
瞬間《しゅんかん》を
見ることが
できずにいたが
ある日…

しかし
元気なえものが
なければ
実験《じっけん》できない

えもののとりかえ実験《じっけん》

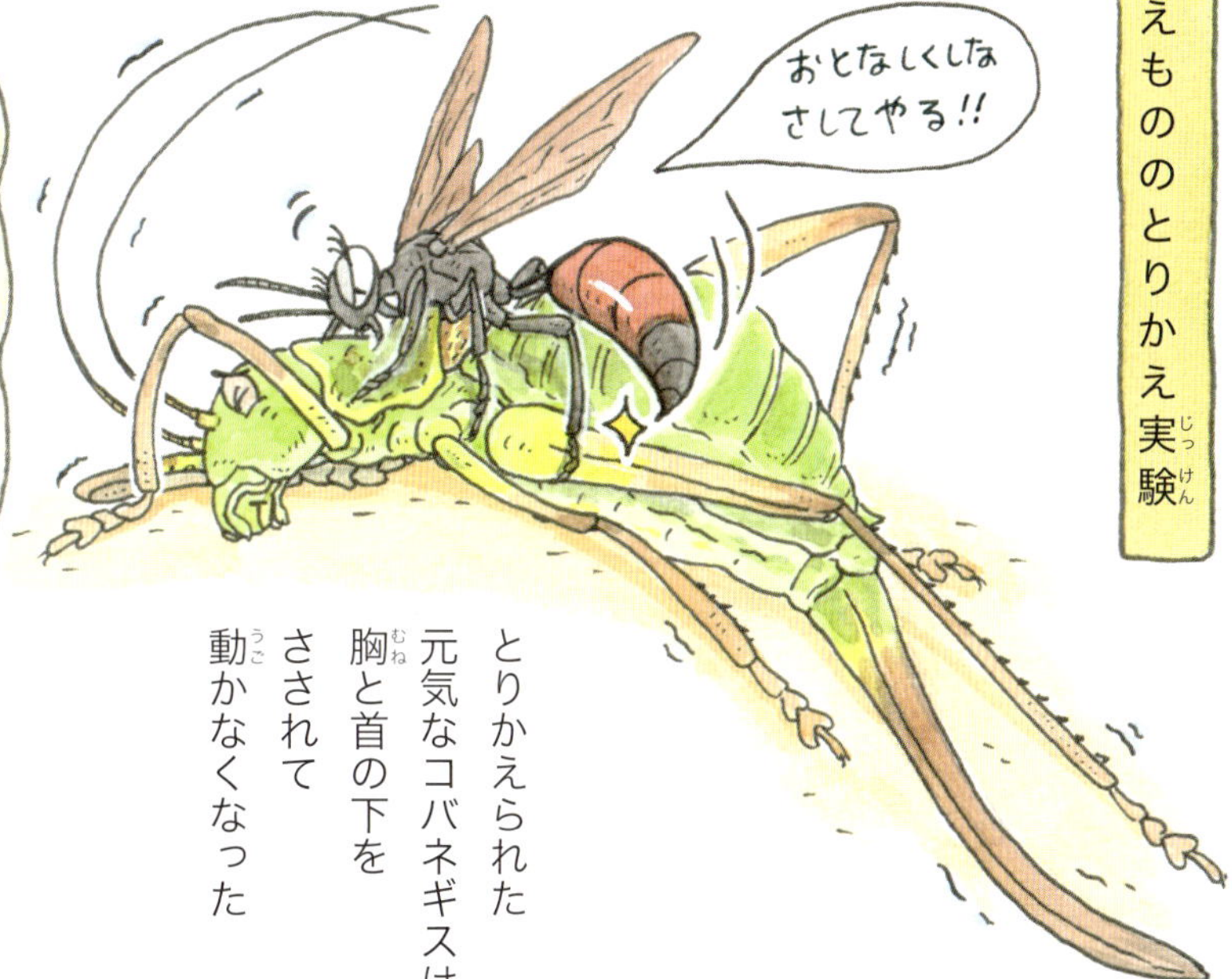

とりかえられた
元気なコバネギスは
胸《むね》と首の下を
さされて
動《うご》かなくなった

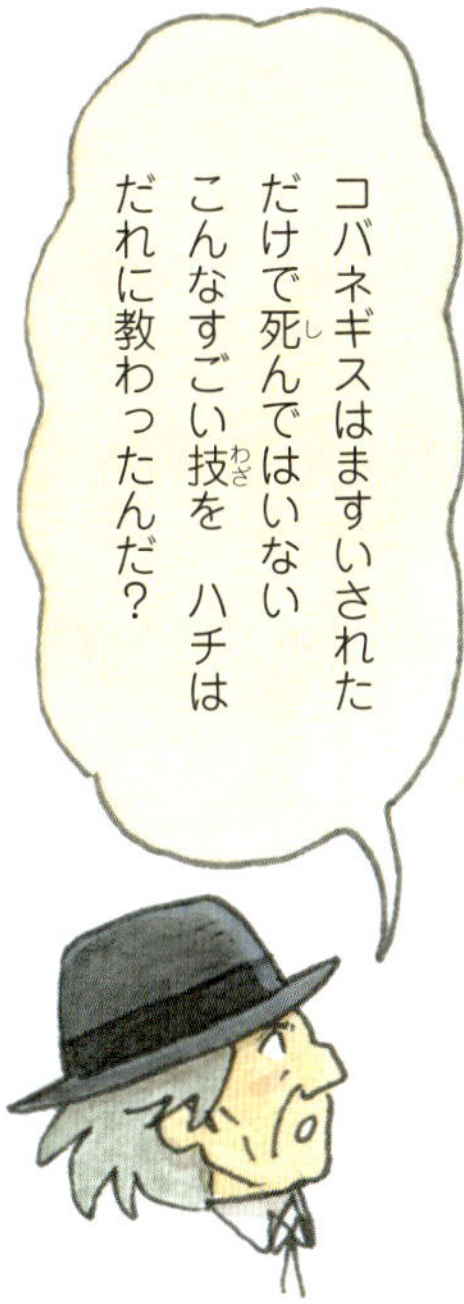

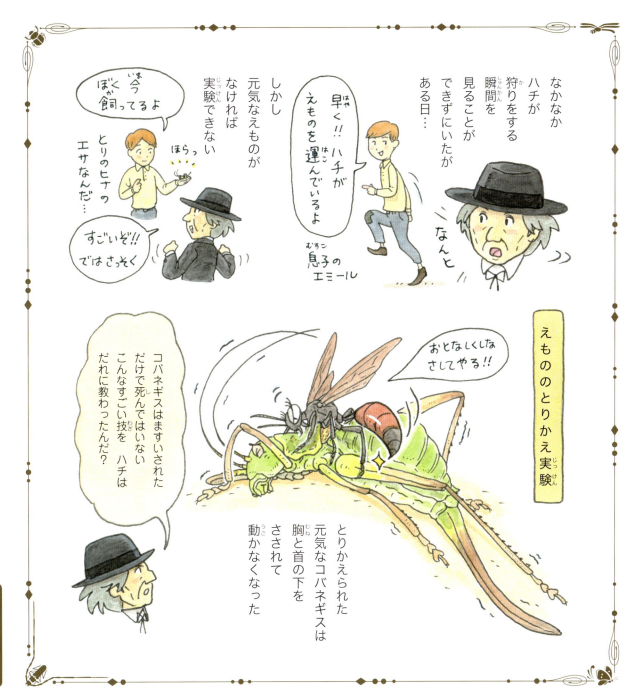

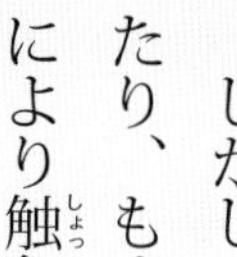

ラングドックアナバチ⑤　ますいされたえもの

ラングドックアナバチにさされたコバネギスには、あしで自分の体を支《ささ》える力はない。横向《よこむ》きに、あるいはあおむけにねたままだ。

しかし、よく見ると、ときどき腹《はら》が波《なみ》うったり、もぐもぐ口を動《うご》かしたりしている。なにより触角《しょっかく》が動《うご》いているじゃないか。手あしはちゃんと動《うご》かせないけれど、とにかく生きているんだ。

ためしに体を針《はり》でチクッとさしてみると、ぶるっと身《み》をふるわせる。「いたっ！」というところかな。でも人間ほど敏感《びんかん》じゃないから大丈夫《だいじょうぶ》。

私《わたし》は、ハチにますいされたえものとくらべるために、元気なコバネギスをつかまえてきた。えさをやらずに箱《はこ》の中に入れておくと、ときどきあばれてはいたけれど、5日で死《し》んでしまった。

ところがハチにさされたコバネギスは、箱《はこ》の中で2、3週間も生きていたんだ。ますいをされているから、じっとしていてあばれない。だからエネルギーを使《つか》わない、つまりおなかがすかないから、こんなに生きていられるんだね。

「よし、それじゃあ、ハチにますいされたコバネギスに、何か食べ物《もの》をあたえてやろう。砂糖水《さとうみず》ならどうだ」

私《わたし》はコバネギスをあおむけにねかせ、わらの先に砂糖水《さとうみず》をつけて、ひとしずく口の中にぽとりと落《お》としてみた。すると虫は、いかにもおいしそうに飲《の》んだよ。

「しめた、この方法《ほうほう》で、ますいされたコバネギスを生かすことができるかもしれないぞ」

まるで病気《びょうき》で動《うご》けない人に食事《しょくじ》をさせるように、私《わたし》は1日に2回、ねたきりのコバネギスに砂糖水《さとうみず》をあたえることにした。すると、ハチにますいされたコバネギスは、40日以上《いじょう》も生きつづけることがわかったんだ。

もちろんハチに卵《たまご》を産《う》みつけられたコバネギスは、ハチの幼虫《ようちゅう》に体を少しずつかじられ、体液《たいえき》を吸《す》われるから、最後《さいご》は体の中がからっぽになって死《し》んでしまう。

けれど、このえものにとって、ハチのさし傷《きず》はけっして致命傷《ちめいしょう》じゃないんだ。ただますいで動《うご》けなくなるだけなんだよ。

元《げん》気《き》なコバネギス
えさをあたえないと5日で死《し》んだ
あばれすぎて 腹《はら》ぺこ 死《し》にそうよ…
バタッ
ハチに刺《さ》されたコバネギス
動《うご》けないまま 2、3週間も生きた
じっとしているから エネルギーを 使《つか》わないの…
そこで…
ハチに刺《さ》されたコバネギス
砂《さ》糖《とう》水《みず》をあたえつづけると 40日以《い》上《じょう》も生きていた
ポタリ
あまい… あ、めまいが!
なんて高《こう》度《ど》な技《わざ》なんだ…
ハチのさし傷《きず》は えものにとって 致《ち》命《めい》傷《しょう》には ならないんだ

ラングドックアナバチ⑥

本能《ほんのう》のかしこさとおろかさ

今回はラングドックアナバチの行動《こうどう》について、もう一度《いちど》、はじめから考えてみよう。

ハチは、えものの体の決《き》まった場所《ばしょ》をさす。すると、えものは動《うご》けなくなる。でも死《し》なない。そしてハチの幼虫《ようちゅう》の食料《しょくりょう》になるんだ。しかも生きているから、くさらない。これ以《い》上《じょう》、新鮮《しんせん》な肉はないよね。それにしても、親のハチは、このさしかたをだれに教わったんだろう？

そして、卵《たまご》からかえったハチの幼虫《ようちゅう》は、えものの体に食い入って、少しずつ食べはじめる。

だけど、でたらめにかみつくんじゃない。えものにとって致命傷《ちめいしょう》になるような場所《ばしょ》はちゃんとさけるんだ。心臓《しんぞう》なんかにかみついたら、えものはいっぺんに死《し》んで、くさりはじめるからね。皮下脂肪《ひかしぼう》のように、食べてもえものの命《いのち》にかかわりのない場所《ばしょ》から順《じゅん》に手をつけていくんだ。

いったい幼虫《ようちゅう》は、その食べかたをだれに教わったんだろう？　自分で考えるのかな？

いや、昆虫《こんちゅう》がその小さな頭脳《ずのう》で考え、自分で判断《はんだん》しているんじゃない。こういう行動《こうどう》は、虫の中に組みこまれている「本能《ほんのう》」なんだと私《わたし》は考えた。コンピューターのように、行動《こうどう》のプログラムが虫に組みこまれているんだ。

昆虫《こんちゅう》は本能《ほんのう》の命令《めいれい》にしたがうとき、なんてかしこいんだろう。

だけど、思いだしてごらん。

「いじわる実験《じっけん》」で、私《わたし》がえものの触角《しょっかく》を根《ね》もとから取《と》りさったときや、目の前でえものを巣穴《すあな》から取《と》りだしたとき、ハチはとてもおかしな行動《こうどう》をしたよね。いつもとはちがう変《へん》なことが起《お》きたとき、昆虫《こんちゅう》はなんてバカなことをするんだろう。

つまり、行動《こうどう》のプログラムはとちゅうで変《へん》更《こう》できない。いったん回りだした歯車《はぐるま》は止められないというわけだ。

ハチだって、巣穴《すあな》の中にもうえものがないことはわかっているんだけど、巣《す》の入り口が開《あ》いていたら、ふさがずにはいられない。また、えものを運《はこ》ぶときは頭に生えている触角《しょっかく》をつかまないと運《はこ》べない。人間から見たら、とてもバカなことをしているように思えるよね。

これが本能《ほんのう》のおろかさなんだ。

おさらいしょう…

本能《ほんのう》のかしこさ

親《おや》のハチはどこをさせば
えものが動《うご》けなくなるか
知っている

本能《ほんのう》のおろかさ

卵《たまご》からかえった幼虫《ようちゅう》は
命《いのち》にかかわらないところから
コバネギスを食べていく

えものがいないのに
巣《す》穴《あな》の戸《と》口《ぐち》を
ふさがずには
いられない

体《からだ》が勝手《かって》に

だれにも教《おそ》わらず
知《し》っている…
それが「本能《ほんのう》」なんだ
なんてすごい
プログラムなんだろう

しかしこの
プログラムは
ハプニングには
弱《よわ》い…

ファーブル先生の 写《しゃ》真《しん》帳《ちょう》④

南フランスの昆《こん》虫《ちゅう》など

南フランスの郊外《こうがい》には、今もファーブルの時代と同じ虫たちの世界が広がっています。

ラングドックアナバチのいる南フランスの道

巣穴《すあな》をほるジガバチのなかま

アオヤブキリをつかまえ、ますいをしたラングドックアナバチ

ヨーロッパミヤマクワガタ

コバネギス

オオモンシロチョウ

地《ち》上性《じょうせい》のクモ

オオナミゼミ

昼間に羽《う》化《か》したばかりのセミ

ファーブル先生の
標《ひょう》本《ほん》箱《ばこ》③
南《みなみ》フランスの昆虫《こんちゅう》など

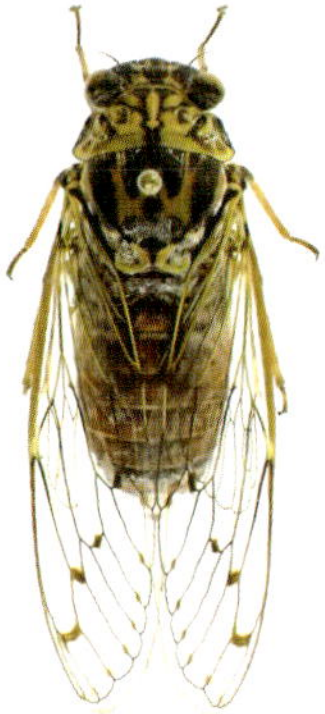

トネリコゼミ
➡p.40　セミ

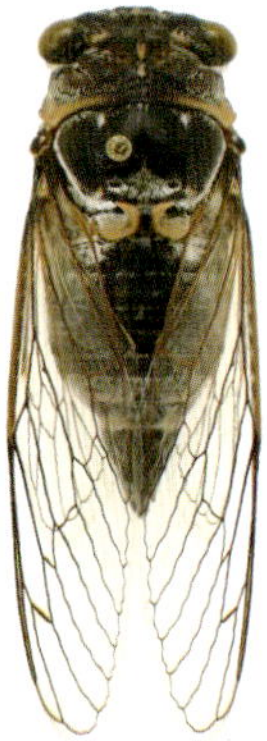

オオナミゼミ
➡p.40　セミ

オサムシモドキ（左）／ヨーロッパゲラ（右）
手に入りやすい虫なので、ファーブルはこれらの虫をよく実験《じっけん》に使《つか》った。

カシミヤマカミキリ

➡ p.112　オオヒョウタンゴミムシ

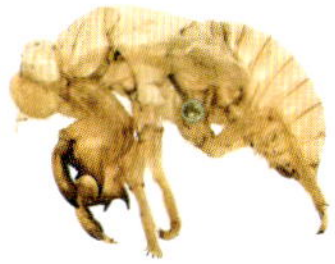

トネリコゼミのぬけがら

コバネギス

➡ p.158　ラングドックアナバチ

ラングドックアナバチのえもの。
南フランスにはたくさんいる。

コガネグモのなかま

➡ p.60　クモ

ウスバカマキリ（めす）

➡ p.66　クモ

あとがき

奥本《おくもと》　大三郎《だいさぶろう》

フランスの昆虫学者《こんちゅうがくしゃ》ファーブルは、生きた昆虫《こんちゅう》の生態《せいたい》をくわしく観察《かんさつ》して、そのおもしろさ、ふしぎさ、巧《たく》みさを私《わたし》たちに知らせてくれた人です。

それまで、昆虫《こんちゅう》やクモについては、体の仕組《しく》みや色彩《しきさい》などを、細かく研究《けんきゅう》して記録《きろく》してはいても、生きた虫をよく見ている人は学者《がくしゃ》のなかにもほとんどいなかったのです。

学者でもそんな具合《ぐあい》ですから、一般《いっぱん》の人は、虫というと、悪魔《あくま》のつくったもののように思っていました。だから、フランスの古い虫の絵を見ると、チョウやガのさなぎが人間の顔をしていたり、悪魔《あくま》のような角《つの》が生えていたりします。

昆虫《こんちゅう》の生活を調《しら》べてみると、人間のすることとは全《まった》く正反対《せいはんたい》です。人間は考えて行動《こうどう》しますが、昆虫《こんちゅう》は考えません。考えなくても、とてもむずかしいことをなんなくこなしていけるのです。昆虫《こんちゅう》が生まれたときからもっているこの能力《のうりょく》を、ファーブルは「本能《ほんのう》」だと考えました。

この本の中で、昆虫《こんちゅう》の本能《ほんのう》の「かしこさ」と「おろかさ」を、ファーブル先生がやさしく説明《せつめい》してくれています。楽しんで読んでください。

最後《さいご》になりましたが、この本は朝日小学生新聞に同じ題名《だいめい》で連載《れんさい》した内容《ないよう》をまとめたものです。担当《たんとう》の水野麻衣子《みずのまいこ》さんには大変《たいへん》お世話《せわ》になりました。あつくお礼申《れいもう》し上げます。

２０１６年６月

やました　こうへい

子どものころ、父の仕事《しごと》の都合《つごう》で４つの小学校に通いました。約《やく》２年間を過《す》ごした鹿児島《かごしま》にはどこの転校先《てんこうさき》よりも虫がいました。あたたかな季節《きせつ》には社宅《しゃたく》のソテツや夜《よる》の網戸《あみど》に集《あつ》まるクワガタムシやカナブンをつかまえ、雨の日はベランダ下の砂地《すなち》でアリジゴクをほじくりました。洞窟《どうくつ》のある山に行けば、さらにたくさんの虫に出あうことができました。

さまざまな形や模様《もよう》、色や光沢《こうたく》、美《うつく》しくもろい羽、かっこいい角《つの》に長いひげ。その種類《しゅるい》の多さに心が躍《おど》りました。いろいろな生き物《もの》がいること。飼育《しいく》のむずかしさ、小さな命のはかなさに胸《むね》がそわそわしました。

本書のもととなる新聞連載《しんぶんれんさい》がはじまり、大人《おとな》になって再《ふたた》び虫とりをはじめました。もっぱら彼《かれ》らのすむ場所《ばしょ》にお邪魔《じゃま》しに行くだけなのですが。生きている虫には格別《かくべつ》な魅力《みりょく》があります。虫を通じて新たな先輩方《せんぱいがた》、小さな友人たちもできました。虫の前では大人も子どもも皆《みな》平等《びょうどう》になれることが心地《ここち》よいのです。

この本を読んで虫に興味《きょうみ》をもったら、皆《みな》さんも外に出て虫に出あってみてください。虫は「ふしぎ」のかたまりです。

この作品《さくひん》を描《えが》くにあたり毎回貴重《きちょう》なアドバイスと楽しい時間をくださった奥本《おくもと》先生、編集《へんしゅう》者《しゃ》の水野《みずの》さん・原田《はらだ》さんに感謝《かんしゃ》をお伝《つた》えしたいです。また、私事《わたくしごと》で恐縮《きょうしゅく》ですが、今春に他界《たかい》した父にこの本を贈《おく》りたいと思います。

２０１６年６月

奥本 大三郎（おくもと だいさぶろう）

フランス文学者・作家。NPO 日本アンリ・ファーブル会理事長。1944 年啓蟄（3 月 6 日）、大阪生まれ。東京大学文学部仏文科卒業、同大学院修了。埼玉大学名誉教授。『虫の宇宙誌』（青土社）で読売文学賞、『楽しき熱帯』（集英社）でサントリー学芸賞を受賞。他にも『虫から始まる文明論』（集英社インターナショナル）、『虫のゐどころ』（新潮社）、『パリの詐欺師たち』（集英社）、『奥山准教授のトマト大学太平記』（幻戯書房）など著書多数。現在『完訳ファーブル昆虫記』（集英社）刊行中。

やました こうへい

グラフィックデザイナー・絵本作家。1971 年生まれ。大阪芸術大学美術学科卒業。主な絵本に『かえるくんとけらくん』（福音館書店）、『ばななせんせい』（童心社）共に作・得田之久、『さがそう！マイゴノサウルス』（偕成社）などがある。アートディレクションを行った web コンテンツ「SOS 地球環境南極ペンギン救助隊」（NHK）が日本賞、園庭遊具「キンダーアニマル」（フレーベル館）がキッズデザイン賞を受賞。mountain mountain 代表。NPO 日本アンリ・ファーブル会会員、日本グラフィックデザイン協会会員。

★ 本書は、朝日小学生新聞（2014 年 4 月～ 2015 年 9 月）に連載されたものに加筆し、あらたに写真・図版などを増補した書籍です。

ファーブル先生の昆虫教室　本能のかしこさとおろかさ
2016 年 6 月　第 1 刷
2017 年 6 月　第 4 刷

文　奥本 大三郎
絵　やました こうへい
発行者　長谷川 均
編集　原田 哲郎
発行所　株式会社ポプラ社
〒 160-8565　東京都新宿区大京町 22-1
Tel　03-3357-2212（営業）　03-3357-2216（編集）
振替　00140-3-149271
www.poplar.co.jp
印刷・製本　図書印刷株式会社

写真・標本所蔵　奥本 大三郎
装幀・デザイン・標本写真　山下 浩平（mountain mountain）

落丁・乱丁本は送料小社負担でお取り替えいたします。
小社製作部宛にご連絡ください。（電話 0120-666-553）
受付時間は月～金曜日 9:00 ～ 17:00（祝日・祭日は除く）。
読者の皆様からのお便りをお待ちしております。
いただいたお便りは、編集部から著者にお渡しいたします。

N.D.C. 486 / 175p / 21cm
ISBN978-4-591-15031-3